Título | Universo en perspectiva
Autor | Otto Ewald Heinrich Helmi Schulz
ISBN | 978-39-89230-43-9
Sitio web: www.perspektive-universum.com

Idioma original alemán
La traducción del libro ha sido realizada por Google al otro idioma, por lo que puede suceder que algunas interpretaciones se expresen de forma ligeramente diferente a como se explicó en el original alemán. El autor no ofrece ninguna garantía al respecto.

Re-desafía la cosmovisión.

Autor
Otto Ewald
Heinrich Helmi Schulz
Nació el 5 de junio de 1954 en
Lüchow. Conocimientos básicos de
ingeniería eléctrica y luego conocí a
muchos de ellos Ciencias autosuficientes Y
con alto Motivación en física cuántica atómica,
termodinámica cosmología, teorías del caos, filosofía
gestión del tiempo, tecnología climática, construcción,
literatura, Administración, ciencia de materiales,
marketing de empresas y biología. Sólo a partir
de esta mezcla de caos podría suceder el
conocimiento en mi libro. El concepto
general de la Universo tantas ciencias.
entre sí que sólo a través de
una increíble cantidad
de pensamiento era
posible para tal
cosa resultado
por venir.

Biografía con mi forma de vida casi completa.

Nací en una pequeña zona rural cerca de Lüchow, en el distrito de Dannenberg, el 5 de junio de 1954. Cuando tenía 6 años, mis padres se mudaron a Bielefeld y allí crecí mi vida.
Sólo mucho más tarde me di cuenta de que, por naturaleza, tenía mucha curiosidad, ya que cuando tenía 7 u 8 años ya estaba jugando con la peligrosa electricidad de la casa. Aquí no había disyuntores diferenciales que le salvarían la vida si pudiera ocurrir una descarga eléctrica fuerte e irreflexiva. Pero no lo supe hasta más tarde. Pero probablemente fui muy cuidadoso y de lo contrario no podría escribir este libro hoy. Entonces, sin saberlo, la electricidad era un tema muy interesante. Después de graduarme de la escuela secundaria, inmediatamente comencé mi aprendizaje como ingeniero eléctrico y tuve mucho que ver con el tema de radios y televisores. Lo que quiero decir es que los compré en una colección de chatarra en Bethel por muy poco dinero y luego los reparé en un mercadillo en Bielefeld y los vendí en funcionamiento. Fue un buen negocio porque no había dinero de bolsillo en casa. Entonces pude financiar algunas cosas. Mi amplia formación duró 3,5 años, durante los cuales también tuve acceso a otras áreas a través de la empresa, como por ejemplo la tecnología de aire acondicionado en IBM, entonces ya obsoleta, y conocimientos sobre la central nuclear del Weser. También me familiaricé mucho con las técnicas de aislamiento acústico y calor/frío. Inmediatamente después de mi aprendizaje quise más y comencé a trabajar como técnico de sistemas de ascensores en la empresa de ascensores Flohr-Otis. Esto fue muy interesante y me llevó al límite, todo seguía siendo tecnología eléctrica analógica, no como hoy en día, donde sólo hay que reemplazar algunos módulos de chip y luego todo vuelve a funcionar. Los informáticos están haciendo esto hoy.
En 1974 me uní a la Armada alemana en Kiel como técnico en electrónica de armas de superficie.
Lo que encontré allí fue comparable a la serie Apollo de NASA para el alunizaje. Mi tarea consistía en controlar los distintos centros de cálculo y el centro de operaciones en el puente, de modo que a través de este sistema WDE se pudieran transmitir tareas precisas de coordinación para el control de fuego de los cohetes y las torretas.
Después de mi paso por la Marina, que abrió mi vida al interés por el universo, tuve la suerte de hablar sobre las estrellas con un oficial mientras estaba en el mar. Porque sentí curiosidad por su trabajo. Por las noches siempre estaba jugueteando con un sextante y así empezamos a hablar de las

estrellas. Esto se me ha quedado grabado hasta el día de hoy, devoré la información siempre que pude. Cuando descubrí la existencia de los agujeros negros a finales de la década de 1970, literalmente me hirvió por dentro. Pero después de la marina en Flohr-Otis, la seriedad de la vida volvió a apoderarse de mí. Debido a la actual crisis del petróleo me trasladaron a Colonia y eso no me gustó nada, así que me mudé a una empresa de equipos hidráulicos y de elevación. Aquí es donde forjé mi futuro, porque de lo contrario no se podría lograr nada y no se podría avanzar. Las ganancias eran demasiado para morir y muy pocas para vivir. Formé una familia con mi primera esposa en 1977 y tuvimos 3 hijos. Anteriormente, trabajaba por cuenta propia y vendía helados y realizaba marketing de varios otros artículos. En 1985 amplié mi negocio a renovaciones y compra y venta de bienes raíces. Para dominar mejor el complejo negocio inmobiliario, realicé un curso por correspondencia de dos años de duración en la WAK de Kiel. Porque el tiempo era un bien preciado para mí.

Cuando mis tres hijos ya casi no tenían clases en la escuela porque los refugiados de la RDA ocupaban todas las aulas (1987-1988). Decidí emigrar relativamente rápido. Porque ese era el mismo dilema que hoy en septiembre de 2023. Nos mudamos a Málaga Mijas en la Costa del Sol y mis hijos fueron a un colegio alemán en el extranjero. Así que perdimos mucho tiempo con dos piernas y volando de un lado a otro. Hasta que me decidí completamente por España. En 1996 mi esposa y yo nos divorciamos y mis hijos recibieron formación en Alemania.

Conocí a mi actual mujer y juntos abrimos una heladería en primera línea de playa en Fuengirola. Este negocio me ha apoyado durante 5 años. Durante este tiempo luchamos juntos y no fue fácil construir una buena base. Hasta la fecha, mi esposa comenzó su carrera en un banco y luego ya no era compatible con mi negocio. Nos casamos en 2002 y tuvimos 2 hijos. Pasé de la heladería a instalar y vender sistemas de aire acondicionado y, con el tiempo, me abrí camino hacia la tecnología solar. El programa incluía grandes sistemas fotovoltaicos y pequeños sistemas térmicos para el tratamiento de agua caliente. También se incluyeron en la gestión trabajos completos de renovación y construcción de viviendas.

Ya que a mí (o a todos nosotros) en la Armada Federal se nos dio la parte importante de la vida de mantener la salud, por así decirlo, como marca. Porque en cada puerto donde estábamos anclados el jogging se hacía por etapas según la guardia. La carrera más dura fue en Norfolk, EE. UU., a unos 45°C a la sombra. Por eso siempre me he mantenido en forma en la

vida. Desde los 22 años corrí 10-15 km cada 2-3 días hasta que me jubilé. En el tiempo de preparación para mis 17 maratones en mi vida (42.195 metros), pero con aproximadamente 200 km/semana durante 6-8 semanas como sesión de entrenamiento y además estaba el deporte más sudoroso que conozco, el squash. Los deportes acuáticos, el golf y el tenis eran entonces momentos de relajación en los que relajarse un poco.
En 2014 comencé con un concepto de cambio climático y me acerqué a algunas empresas de energía. Pero como casi les dieron la energía como gusanos en tocino, no estaban interesados en hacer nada al respecto, ¿por qué deberían hacerlo? Todo estuvo bien. Pero de algún modo sospechaba que las cosas no irían bien por mucho tiempo. Podemos verlo ahora mismo frente a nosotros. Y las previsiones son aún más sombrías.
Es una pena que me diagnosticaran leucemia a principios de 2018 y tuviera que pasar tiempos difíciles hasta principios de 2023. Así que ahora vivo con una segunda donación de médula ósea, esta vez con sangre fuerte.
Durante este tiempo de largos intervalos mensuales en el hospital, comencé a escribir este libro con todos mis pensamientos. Ahora me pregunto ¿fue una pena haber tenido leucemia? Para ser honesto, a veces me alegro de que haya ocurrido la leucemia; de lo contrario, este libro no se habría podido escribir, a pesar de que fue una tarea difícil en ese momento. Por este motivo, quisiera pedirles, queridos lectores, que me comprendan y recomienden este libro a sus amigos y conocidos. Es revolucionario y estoy seguro de que haré historia. Por fin está comenzando una visión realista y comprensible del mundo en el que vivimos.

Esta visión del mundo que he creado debe, por supuesto, resistir cualquier crítica.
Sólo con la más mínima duda se seca en tierra de nadie, o te mantienes al día con otras teorías no probadas hasta la próxima cosmovisión. En cualquier caso, las teorías que nos proponen actualmente se pueden comparar con una gran burbuja de espuma (nuestra visión actual del mundo) en el mar: si vienen algunas olas (es lo que se critica), entonces no quedará nada de la burbuja.
En mi valoración, que hasta ahora ha sido muy autocrítica, esta visión del mundo se mantiene como una roca en la ola. La ciencia examinará ahora muy de cerca mis afirmaciones. Eso es bueno, para que todas las tonterías finalmente desaparezcan de nuestras cabezas. Sin embargo, ustedes, mis queridos lectores, tienen la opinión final. Estoy esperando cualquier reseña.

El universo de la perspectiva de la fórmula
revela la cosmovisión del universo visible.

Lo que más hay que considerar aquí acerca de este cambio revolucionario en la cosmovisión es que Copérnico tuvo los mismos problemas en el siglo XIV que los que tiene hoy con este argumento a favor de la nueva cosmovisión. Pasaron 200 años hasta que nuestra Tierra finalmente fue redonda, porque antes era plana. Hoy me gustaría vivir este éxito: gracias a las técnicas de comunicación, dependo de todos para dar ejemplo en la lucha contra el cambio climático. Porque este libro pretende allanar el camino hacia las energías renovables.

El universo de la perspectiva de la fórmula
revela la cosmovisión del universo visible.

¿Función de la interfaz entre la física cuántica y la relatividad general?

Yo llamo a eso:
COMPRESIÓN GRAVITATIVA DE LA DINÁMICA CUÁNTICA

Biografía con mi forma de vida casi completa. 4

A.) Prólogo introductorio de los focos revolucionarios. 13

B.) Prólogo Flujo de energía. 14

C.) Prefacio Fórmula Mundial. 15

D.) Derechos de autor sobre propiedad intelectual con fines científicos. 15

1.) Resumen aproximado. 18

2.) Requisito básico de energías vinculantes. 19

Bosquejo: 1 energía vinculante. 22

3.) Condiciones marco físicas. 23

3.1.) Condición marco de compresión gravitacional de la dinámica cuántica. 23

3.2.) Condiciones marco de la fórmula mundial en las galaxias. 24

4.) ¿Cómo surgió la idea de la fórmula mundial? 25

5.) España: Como escala de galaxia proporciona una mejor comprensión. 26

6.) Descubriendo los secretos del universo entero. 29

Bosquejo: 2 universo en escalas. 30

6.1.) ¿Por qué el Big Bang es un diagnóstico erróneo para todo en el universo? 31

6.2.) ¿Cuántas veces hemos existido? 32

6.3.) Radiación de fondo, microondas y ondas gravitacionales. 33
6.4.) ¿Comienzo de la Vía Láctea hace unos 13.800 millones de años? 33
6.5.) Teoría: ¿la concentración es mejor cada 50 años? 34
7.) Asunto desconocido. (masa SL = agujero negro) 34
8.) Recarga de energía con descripción general introductoria. 41
9.) Diferencia entre agujeros negros que no lo son y sistemas solares. 43
9.1.) Épocas de desarrollo. 44
10.) Empezando con la materia oscura. 45
10.1.) Análisis de errores de estrellas. 47
10.2.) Supernova. 47
10.3.) Exoplanetas. 49
11.) ¿Cómo está estructurada la masa SL? (Agujero negro = masa SL) 49
12.) Regeneración en la masa del agujero negro. 54
13.) Explicación introductoria de la fórmula mundial. 55
13.1.) Fórmula mundial desde la interfaz. 55
13.2.) Fórmula mundial de galaxias. 68
Bosquejo: 3 interfaz de fórmula del mundos. 71
14.) Nuestro sol. 72
Bosquejo: 4 visión del mundo del sistema solar. 76
Bosquejo: 5 forma escrita. 77
15.) Formación del sistema solar. 78
15.1.) Planetas con formación de lunas. 79
16.) Rotación y momento angular de los planetas. 89
17.) Gravedad, o más bien magnetismo electro-gravedad. 90
Bosquejo: 6 Expansión espacial. 93
18.) Desarrollo de energía primaria en el sol. 94

El universo de la perspectiva de la fórmula
revela la cosmovisión del universo visible.

19.) Materia Oscura. 95

20.) Energía Oscura. 96

Bosquejo: 7 neutrinos de energía oscura. 104

21.) ¿Gravedad o más bien magnetismo de electro-gravedad? 105

22.) Espacio y tiempo en la galaxia. 109

23.) ¿Pueden las galaxias controlarse entre sí? 111

23.1.) Anti-gravedad por gravedad. 113

Bosquejo: 8 neutrinos de energía vinculante. 115

23.2.) ¿Cómo se debe considerar la expansión espacial? 116

24.) Cálculo y formación de una galaxia como la Vía Láctea. 117

25.) Formación de estrellas de neutrones. 124

26.) Arquitecto de la formación de brazos en espiral. 127

Bosquejo: 9 ciclo de nuestra galaxia. 132

26.1.) Comparación entre una bomba de calor y una galaxia. 133

27.) Nube de Oort. 134

28.) Ciencia de la fusión nuclear del reactor de fusión nuclear. 135

Bosquejo: 10 Fusión nuclear inoperable. 138

29.) Energía de neutrinos ¿Ciencia ficción del futuro o realidad? 139

30.) Consumo de energía a nivel mundial por año. 143

31.) De energías renovables a combustibles fósiles. 144

32.) Solución al cambio climático. 146

Bosquejo:11 Contra el cambio climático. 150

33.) Dependemos del goteo de energía. 151

Bosquejo: 12 gotas de energía. 153

El universo de la perspectiva de la fórmula
revela la cosmovisión del universo visible.

A.) Prólogo introductorio de los focos revolucionarios.

El proceso de repensar la humanidad conduce a dificultades organizativas para marcar la diferencia en el cambio climático. Simplemente no hay ningún acuerdo concreto. La abolición de los combustibles fósiles desafía a la humanidad. La carga de tormentas severas causadas por el cambio climático es obviamente un factor contribuyente. Estimados lectores, pueden participar en este proyecto. Para reposicionarnos organizacionalmente, debemos eliminar los "hechos" incorrectos. Lo que se necesita aquí no es organizar huelgas o disturbios mediante manifestaciones, como están adquiriendo proporciones que no se pueden justificar en todo el mundo, sino más bien tomar medidas. Identifícate con este documento y deja fluir tu pensamiento libremente.
Por qué los reactores de fusión nuclear no pueden usarse para generar energía en nuestro planeta suena al principio absurdo y revolucionario en contra de nuestra ciencia. Sin embargo, se requiere evidencia de carácter lógico que conduzca desde el universo a esta verdad para que la credibilidad de esta afirmación sea irrefutable. Galaxias y formación del sistema solar nos muestra el flujo real de energía para comprender cómo los agujeros negros en el centro de cada galaxia permiten que surja la vida y así evitar la fusión nuclear para la producción de energía en nuestra Tierra con nuestras propias leyes físicas. Esto es ignorado por una falacia oculta. La energía oscura y la materia oscura también se vuelven transparentes y comprensibles, incluso las 4 fuerzas básicas pueden combinarse para formar un punto simétrico en la masa del agujero negro, aunque probablemente solo existan 3 fuerzas básicas. La fórmula del mundo galáctico revela preguntas sin respuesta en diversas áreas donde aún no ha habido respuestas. Con este conocimiento se pueden conectar lógicamente detalles intrincados de muchas áreas, lo que crea un complejo enigma para nuestra visión del mundo en la visión general y queda claro para todos. Todas las afirmaciones de este libro están incluidas en el marco de la ley de conservación de la energía como máxima prioridad, pero sólo si los hallazgos resisten cualquier "cuestionamiento".
Con ejemplos, explicaciones y bocetos fáciles de entender, ganarás credibilidad sobre la formación del mundo en nuestras galaxias, pero sólo para nuestro universo visible. Las críticas y contraargumentos a otras imágenes de la creación del mundo se desvanecen tras un análisis más detallado; no importa dónde esté el punto de partida, sólo hay una solución, y es por eso que los flujos de energía forman las huellas fundamentales de la

verdad en un universo. No sabemos qué fuerzas naturales construyeron nuestro universo, pero la perfección que resultó del más mínimo detalle tiene un significado en el concepto general. Cada miembro cuántico tiene un trabajo que hacer y el más pequeño de todos es el neutrino con precisión superior en el mecanismo de control de las galaxias y soles, y todavía por ignorancia se le llama neutrino fantasma. Sin estos neutrinos fantasma la vida no podría desarrollarse.
Prepárese para explicaciones emocionantes, incluso revolucionarias, que han cambiado fundamentalmente el siglo XXI. Muchas explicaciones importantes salen a la luz una y otra vez como repeticiones ocultas. Creo que es importante que todos lo tengan frente a ellos en el momento de leer y no tengan que buscar mucho en otros capítulos.

B.) Prólogo Flujo de energía.

La materia interestelar no se puede utilizar para formar el sol. No existe ningún cambio de energía activo que sea capaz de dar forma a todos los fenómenos de un sistema solar. (ver ley de conservación de la energía en Internet) Dado que el dominio de una galaxia se controla desde el centro, el secreto de una explicación también debe estar ahí.
La forma en que se forman las galaxias sólo puede identificarse mediante el cambio en las trazas de energía. Esto significa que la formación de galaxias o sistemas solares sólo puede demostrarse a través de las huellas del flujo de energía. Las condiciones físicas de nuestro mundo atómico no deben violarse de ningún modo. Con mi teoría me gustaría explicar detalladamente este flujo de energía y describirlo en profundidad para que no queden preguntas sin respuesta. El ÚNICO mundo cuántico nunca podrá aterrizar analíticamente con nosotros.
Miles de millones de toneladas de materia que son expulsadas del sol en cada momento se acreditan posteriormente a la masa SL. Esta masa en forma de radiación galáctica y materia atómica se acumula a partir de miles de millones de sustancias del viento solar. En este libro rastrearé todo el proceso de formación de sistemas solares u otros fenómenos. Por ejemplo, la opinión científica actual de que los soles se crearon a partir de nubes de materia y polvo de estrellas mediante el colapso no sólo es absolutamente increíble, sino también un completo engaño debido a las leyes termodinámicas del estado de la materia. Aquí se contradicen una increíble cantidad de reglas físicas básicas. Basta pensar en el momento angular, las velocidades de rotación y la distribución de la masa, incluidas las 180 lunas,

la nube de Oort, así como la velocidad del sol de unos 800.000 km/h. en su circulación. Cada sistema solar es un mecanismo de relojería muy complejo, en el que los principios básicos de orientación enumerados no pueden simplemente venir y adaptarse según las velocidades; esto debe poder explicarse en profundidad, hasta el cálculo más pequeño, para que sea comprensible. Los problemas no resueltos de la astrofísica y la cosmología encajan como un rompecabezas en mi teoría de la compresión gravitacional de la dinámica cuántica.

Esto me obliga a centrarme en lo que veo y no en lo que quiero ver. En estas fórmulas mundiales, que también se presentan aquí, las fantasías tienen un gran caldo de cultivo, pero las violaciones de las indispensables leyes energéticas son un tabú. Mientras estos estén 100% bajo control, los contraargumentos sólo pueden tener sentido en la presentación si, al interpretar las explicaciones, se puede demostrar siempre que todas las leyes físicas se mantienen y no se violan.

C.) Prefacio Fórmula Mundial.

Una declaración adecuada para una fórmula mundial describe las 4 fuerzas básicas para crear simetría, que es el requisito previo para nosotros, los humanos. (Mi opinión, solo son 3, ustedes, queridos lectores, decidirán por sí mismos más adelante). Para superar o integrar matemáticamente este obstáculo, es necesario reconocer de alguna manera la materia desconocida de la masa SL, que encuentra compatibilidad con una constante, ya que sólo puede haber una forma de formación de galaxias, que sólo se puede ver a partir de la aparición y transformación de hojas de energía. Esta materia aún desconocida sólo podemos identificarla los humanos de forma lógica. Nunca nos acercaremos a este asunto para realizar una investigación. Tampoco se pueden utilizar fórmulas matemáticas porque se rompería la base física. A menos que se pudiera calcular matemáticamente la fuerza en kg/cm3 que sería necesaria para comprimir o disolver las capas atómicas bajo la presión de la gravedad, que ocurre en la masa SL.

D.) Derechos de autor sobre propiedad intelectual con fines científicos.

Todos los contenidos de este libro de Perspective Universum están anclados y sujetos a la ley de derechos de autor alemana. Cualquier reproducción, revisión, distribución o uso comercial requiere un acuerdo de licencia por escrito del autor del libro. Todas las copias del contenido del libro, incluidas las traducciones a otros idiomas, sólo pueden utilizarse para su uso privado. Por lo tanto, no se permite ningún uso comercial del contenido. Dado que todo el contenido fue creado únicamente por el autor, no es necesario tener en cuenta los derechos de autor de terceros. Sin embargo, si encuentra algún aviso que opaque mis derechos de autor, hágamelo saber para que pueda reaccionar en consecuencia y no infringir otros derechos de autor de los que aún no he sido informado. Los derechos de autor se aplican a todo el pensamiento académico que no se haya hecho público oficialmente en la fecha de publicación de este libro. Por lo tanto, todo el mundo necesita un acuerdo de licencia del autor de este libro para poder transmitirlo a otras partes interesadas y a lectores y usuarios. Esto incluye principalmente todos los esbozos del contenido para las explicaciones de la interfaz, etc. entre la física cuántica y la teoría general de la relatividad, que también representa la explicación del movimiento perpetuo de los reactores de fusión nuclear con el resultado de que los reactores no funcionan para generar energía. Todas las demás divulgaciones que están sujetas a derechos de autor se enumeran por separado para que no puedan surgir advertencias debido a negligencia por parte de los lectores. Las infracciones serán perseguidas y advertidas por la representación legal y por VG WORT. Mi membresía proporciona una base legal para esto en la Sección 7 de la Ley de derechos de autor. Por favor respeta esto para que no ocurra ningún inconveniente. El permiso para reenviarlo a otras personas se otorga con el enlace para comprar el libro o el libro electrónico y se acepta, incluso si es muy deseado. También me gustaría asegurarles que nada en este libro ha sido copiado de otros medios ni tomado del conocimiento intelectual de otras personas, excepto los hallazgos científicos correctos existentes, que debo incorporar a mis declaraciones. Sin embargo, no se realizan reclamaciones de derechos de autor al respecto. Esto significa que no existen derechos de autor de terceros. Desde este punto de vista, toda la obra, en relación con todos los problemas planteados en cosmología, cae bajo el exclusivo derecho de autor del autor.

Me gustaría enfatizar esto expresamente, porque en esta constitución revolucionaria mía deben fluir automáticamente muchos conocimientos adecuados del pasado, junto con la investigación científica, para darle al conjunto un carácter creíble debido a las condiciones físicas existentes desde hace décadas. . Se trata de una interferencia entre diferentes áreas científicas, que de este modo se fusionan entre sí. La referencia de esta ciencia se basa únicamente en el mundo atómico, ya que nadie ha descubierto todavía la interfaz entre la física cuántica y la teoría de la relatividad; esta es la base de todos los derechos de autor enumerados. A través de mis revelaciones, muchas personas son retratadas de manera difamatoria sin mi intención, lamentablemente esto no puede evitarse debido a mis teorías, que se convierten en realidad justificada, y pido su comprensión. Los derechos de autor enumerados aquí se relacionan con los siguientes 10 temas principales. Con estos descubrimientos quedarás fascinado, la tensión aumenta con los misterios de capítulo en capítulo, porque son respuestas a preguntas que nuestra ciencia global plantea hechos aún sin resolver. Usted mismo puede consultar todos los derechos de autor que se ofrecen en Internet.

1. Fórmula del mundo galáctico basada en la ley de conservación de la energía con la interfaz entre la teoría cuántica de campos y la relatividad general.
2. Descubriendo la energía oscura.
3. Formación del sistema solar desde el principio hasta el final previsto.
4. Que la regeneración por fusión nuclear no puede funcionar en la Tierra.
5. Explicación de la materia oscura y su razón de existencia.
6. Afirmación de las 3 fuerzas básicas, en lugar de las 4 fuerzas básicas.
7. Negación de la ampliación espacial.
8. Formación de la Nube de Oort de principio a fin.
9. El concepto eficiente de cambio climático presentado con el boceto.
10. Resultado que demuestra que el sol está sujeto a análisis de errores.

El abogado es responsable de fortalecer mis derechos a la protección de los derechos de autor.
Richard Wachmann Neue Bahnhofstrasse 2, 10245 Berlín, Alemania
Teléfono +049 30 3039840 Correo electrónico: Wachmann@fachkanzlei-socialrecht.de
Siempre dispuesto a negociar acuerdos de licencia y brindar asesoramiento.

1.) Resumen aproximado.

Según este modelo, sabemos que todo lo visible en el cosmos no pudo haber sido creado por un Big Bang. De lo contrario, no se mostrarían los flujos de energía en el cosmos, como se pueden ver hoy claramente a través de telescopios como el Hubble, Keppler, James Webb o el último de la ESA/Euclid.

El modelo estándar de la relatividad general sólo es aplicable al mundo de la capa atómica que evolucionó en un sistema solar. El mundo cuántico debe considerarse de forma diferenciada: representa el 99,9999 % de la masa del universo entero y se encuentra en las masas SL y en los núcleos solares y en las estrellas de neutrones, así como en los quásares, etc. Sólo los mundos del sistema solar con sus planetas, además del Sol, representan alrededor del 0,0001% de la masa atómica, probablemente incluso menos porque las masas SL contienen una cantidad increíble de materia. El mundo de la materia comprimida, que explicaré aquí, podemos imaginarlo entonces, pero no podemos examinarlo en el laboratorio en su totalidad (masa SL o núcleo solar). Este es el mundo de las partículas elementales completas en un estado absolutamente comprimido. El objetivo de nuestra ciencia es conectar los dos mundos, y lo he conseguido con la explicación de la compresión gravitacional de la dinámica cuántica. Llamé a esta combinación de palabras de esa manera porque todavía no existe una teoría similar para la cosmovisión visible. Con pasos lógicos, todas las preguntas sin respuesta en nuestro universo visible conducen a una solución y todo el enigma se presenta de forma clara y comprensible para todos como un modelo de fórmula mundial. Surge una perspectiva completamente diferente, que incluso revela las arraigadas mentiras piadosas de Albert Einstein sobre la curvatura del espacio-tiempo y finalmente da paso a nuevos hallazgos que pueden ser reconocidos de forma comprensible. Uno de varios diagnósticos erróneos es esencial para la supervivencia de nuestra Tierra; esperemos que no nos acompañe por mucho tiempo a los humanos debido a la obstinada resistencia de los físicos de la fusión nuclear. Se refiere al intento de generar altos niveles de energía para el futuro utilizando reactores de fusión nuclear.

A través de los procesos de formación del sistema solar se reveló la energía primaria correcta del Sol, razón por la cual los reactores de fusión nuclear no funcionan aquí en la Tierra. No existe aquí un reconocimiento oficial de nuestra ciencia para detener finalmente el movimiento perpetuo de los

reactores de fusión nuclear, para que se puedan enterrar las ilusiones que se han acumulado durante décadas de subsidios que ascienden a miles de millones de tres dígitos.
Entonces se podrá invertir plenamente en energías renovables para que finalmente se pueda mitigar el cambio climático.

2.) Requisito básico de energías vinculantes.

Para que se pueda entender la fórmula mundial sobre la formación de galaxias, la energía de enlace es uno de los requisitos más importantes. Las energías vinculantes están ocultas en los procesos químicos cotidianos, ya sean procesos metabólicos o las condiciones climáticas diarias. En las centrales nucleares, sólo se liberan pequeñas cantidades de la energía vinculante del uranio y vemos que la fuerza nuclear fuerte libera parte de la energía vinculante. Esto significa que en cada núcleo atómico con sus electrones existe una determinada energía de enlace, que se mide, por ejemplo, en MeV. (MeV= mega-voltios eléctricos/núcleo atómico).
Nuestro mundo, todo lo que podemos tocar, incluso diría que todos los lugares donde podemos volar, está hecho de átomos. Vivimos en un mundo nuclear.
Nuestro Sol, al igual que todos los demás soles, sólo nos muestra su lado atómico, pero nadie ha visto todavía la masa SL porque desde allí no se emite radiación luminosa, por lo que ni siquiera se genera luz mediante la fusión nuclear. Sin embargo, si vemos una estrella de neutrones o un Magnetar, se trata de materia no atómica, sino sólo de una compresión residual de neutrones y protones, por lo que la materia de la masa SL se encuentra en el núcleo y, por alguna razón, se produce la fusión nuclear. ha terminado hacia la superficie. Originalmente, una estrella de neutrones de este tipo pudo haber sido un sol que fue víctima de una aberración, o puede que tenga derecho a existir a través de los procesos teóricos del caos que formaron la galaxia en su conjunto. Es bien sabido que estos pesados cuerpos celestes tienen una gravedad excesiva. Desde hoy se supone que son restos de soles existentes. Incluso si antes no hubiera soles, estos fenómenos debieron haber surgido de alguna manera. Todo esto se aclarará. Aquí se explica por primera vez, por ejemplo, la energía de enlace. Definitivamente se ha producido una transformación de un proceso. Se interrumpió un paso de energía vinculante. ¿Qué pasó? ¿Cómo puede ser

posible? Una energía vinculante siempre tiene algo que ver con la energía que la afecta desde el exterior. Cada energía de enlace tiene un límite de resolución que se puede exceder hasta que no se pueda habilitar ningún paso adicional de energía de enlace. Después de que explota una bomba atómica, esta energía vinculante ya no existe. Este es el último paso en la masa de SL hasta el nivel en que todas las familias de Quarks sean libres. En esta concentración, un cm^3 de materia de la familia de los quarks tiene un peso de al menos 90 billones de toneladas y todos los electrones que se liberan alcanzan 10^{20} Tesla o mucho más en intensidad de línea de campo.
Aquí en la Tierra se pueden comprimir varios gases, como hidrógeno, nitrógeno u oxígeno (y muchos más). Entonces la masa líquida comprimida contiene gran parte de la energía con la que estos gases se ven obligados a comprimirse. Se creó una energía vinculante a un nivel muy débil. La presión del agua en una presa llena también puede describirse como energía vinculante para generar electricidad. Con la gravedad de nuestra Tierra a 10.000 metros de profundidad del mar, tendríamos una presión de 1.000 bares, lo que también es energía vinculante. Incluso nuestra atmósfera genera una presión de alrededor de un bar al nivel del mar. En el último ejemplo, con 1.000 bar, la gravedad de nuestra Tierra podría comprimir fácilmente un gas hasta convertirlo en líquido. Para poder avanzar un paso más hacia la energía de enlace, habría que comprimir material líquido o sólido. Dado que nuestro mundo se compone de masa atómica, aquí no es posible comprimir un material sólido, simplemente no existe ningún material que resista la contrapresión si se pudiera obtener la energía para la presión. Ésta es una teoría puramente lógica.
Todo indica que este paso es posible en la masa SL para que todo funcione como podemos entender en muchos ejemplos demostrativos del universo con el flujo de energía. Los diferentes pasos de la energía de enlace se explican para que haya una buena comprensión en los siguientes capítulos.
Las cuatro (3) fuerzas básicas tienen una interacción fundamental. Gravedad, fuerza electromagnética, fuerza nuclear débil y fuerte. Las cuatro fuerzas básicas entran definitivamente en juego en el mundo atómico. Sin embargo, en la masa SL sólo existen la gravedad y la fuerza electromagnética. El tamaño de la capa atómica ha sido anulado por la gravedad y, por tanto, ya no existe. Sin embargo, dado que no hay evidencia de un llamado gravitón en la familia de los quarks, ya que aún no se ha encontrado, este fracaso en el descubrimiento del gravitón sugiere que la fuerza electromagnética básica es la responsable de esto. Más sobre eso más adelante. Esta energía vinculante de la masa SL espera hasta que se formen

billones de soles como resultado del choque entre dos agujeros negros y luego vuelve a convertirse en materia atómica en el sol. Ese sería el efecto de solución de la masa SL. ¿Qué sucede en el primer paso de energía vinculante? Desde el mundo atómico, es decir, la capa atómica (que se está disolviendo) hasta el mundo del nucleón. Me referiré a este paso como A1 a N1 más adelante en las explicaciones. A una presión de materia de mil millones de kilómetros de altitud, se puede lograr este paso de energía vinculante. Quizás tarde o temprano, porque mil millones de kilómetros es muy poco, lo notarás más adelante. El segundo paso de energía de enlace en la masa SL es desde el nivel del nucleón hasta los quarks que se encuentran en los nucleones. Este paso se denomina N1 a Q1. Este paso se logrará en los próximos mil millones o billones de kilómetros. Aquí también, quizás más tarde o más temprano. Por lo tanto, Q1 es la materia principal en una masa SL de un llamado agujero negro, que ya no tiene nada en común con un agujero, sino que es todo lo contrario: materia altamente comprimida.

Cuando las capas atómicas se disuelven de A1 a N1, la fuerza nuclear débil se almacena en la energía de enlace N1. De N1 a Q1 la fuerza nuclear fuerte, aunque estas dos ya no existen en la masa SL. Sólo mediante la acreditación de más materia la fuerza electromagnética crece con la gravedad. (para más detalles ver materia desconocida) Durante la retroalimentación, cuando los soles se separan de la masa SL debido al choque, se pierde la gravedad previamente alta para que pueda desarrollarse la energía de enlace. El primer paso liberado de energía de enlace se denomina Q2 a N2. El que podemos ver luego es el último N2 a A2, que es cómo se formó el sistema solar en el ambiente primitivo y muy cálido. (Aquí también, todo lo que se encuentra en formación del sistema solar).

No confunda: proceso de compresión en la masa SL = A1 a N1 y luego N1 a Q1. Este es el proceso de absorción de materia en la masa SL.

Proceso de descompresión al sol, es decir, cuando brilla el sol, como siempre. = Q2 a N2 y luego N2 a A2 en nuestro mundo atómico.

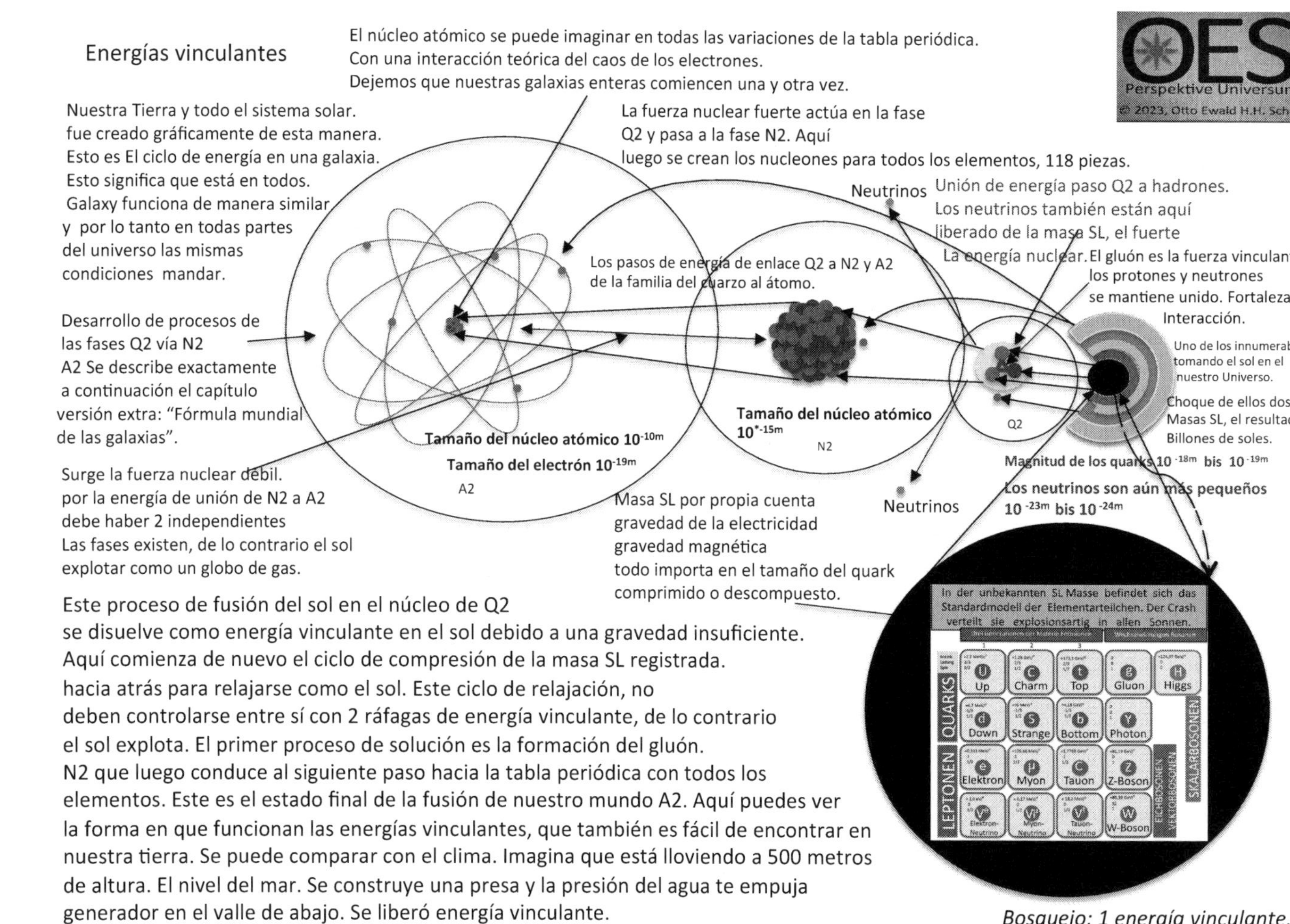

Bosquejo: 1 energía vinculante

El universo de la perspectiva de la fórmula
revela la cosmovisión del universo visible.

3.) Condiciones marco físicas.

Ahora una declaración concreta sobre las condiciones marco en las que debo y debo moverme de acuerdo con nuestras leyes físicas. ¡Pero nunca debes olvidar una cosa! El mundo nació hace mucho tiempo, cuando los humanos aún no teníamos nuestras leyes matemáticas y físicas básicas, pero las galaxias ya funcionaban perfectamente, nadie sabe durante cuánto tiempo. Todas las palabras, expresiones y posibles modelos estándar, hipótesis y fantasías complicadas han traído durante mucho tiempo ideas contradictorias a la discusión. Especialmente las preguntas no resueltas. También se puede decir que la cosmología se encuentra de alguna manera en un callejón sin salida o en crisis; cosas en el espacio se vuelven visibles a través de nuestros telescopios, de las cuales no se puede encontrar ninguna conexión concreta entre la teoría del Big Bang y el modelo estándar. Aquí debe incluirse la masa desconocida de la materia SL, que aún no conocemos. Otros ejemplos Hay versiones disponibles en una variedad de categorías, lo que aumenta la confusión, pero la función de lo que sucede en el espacio es relativamente simple si puedes seguir todo el flujo de energía y describirlo en detalle, como en este libro. La visión del mundo sobre la formación de galaxias debería entonces ser claramente considerada, para que cada pregunta pueda esperar una respuesta transparente. La indefinibilidad de la energía gravitacional conduce a niveles incomprensibles en muchas teorías de la cosmovisión. Lo escuchas en muchos documentales y a los neutrinos se les llama fantasmas voladores. He descubierto la razón de ser de estos neutrinos: no son fantasmas, sino que tienen una función para nosotros los humanos en la existencia del sistema solar.

3.1.) Condición marco de compresión gravitacional de la dinámica cuántica.

Sólo hay una guía para esto en la mecánica cuántica general, de modo que se pueda acomodar la energía gravitacional, pero no existe una energía constante para la compresión de la materia (que ya se describió anteriormente) que se contrae en esta materia desconocida de masa SL. Yo lo llamo compresión gravitacional de la dinámica cuántica. En este punto, nuestra ciencia debe ser desafiada a brindar mayor claridad a través de evidencia. Las ideas para inspirar conocimientos básicos son los primeros pasos. Ustedes, queridos lectores, pueden participar en el lanzamiento de un rayo láser de ideas sobre la investigación. En la masa SL, el material atómico previamente consumido energéticamente se comprime y luego regresa a nuestro mundo a través del Sol a través de la energía primaria en el núcleo solar para formar el formato de capa atómica. Este paso hacia la descompresión es probablemente el secreto del núcleo solar, que surgió del choque de dos masas SL. Se puede decir que cada galaxia funciona de forma independiente, pero no es un sistema cerrado; las energías pueden pasar de una galaxia a otras galaxias. Esto se puede ver en la existencia de galaxias más pequeñas y soles individuales muy libres fuera de las galaxias. Las masas SL, es decir, la materia oscura, corren de manera invisible entre las galaxias y representan un posible 20-30% (¿o más?) del total de galaxias. La respuesta se puede encontrar aquí en las explicaciones de la materia oscura.

3.2.) Condiciones marco de la fórmula mundial en las galaxias.

Con esta fórmula mundial se puede entender la vida de una galaxia, al igual que la formación del sistema solar. Al hacerlo, no se violan las condiciones marco que exigimos para el cumplimiento en nuestro mundo nuclear. Dado que, en mi opinión, este flujo y reflujo de galaxias ha estado ocurriendo durante billones de años o más, deberíamos contentarnos con cómo funciona el mundo que nos rodea hasta quizás 20 mil millones de años luz en el futuro. En algún momento, tantas galaxias oscurecerán la visibilidad de la luz entrante de las galaxias hasta el punto que ni siquiera el telescopio más avanzado podrá encontrar un espacio claro. La amplitud del desplazamiento de la luz roja también se cancela automáticamente por la distancia. Ni siquiera debería plantearse la cuestión de dónde viene el asunto. La cuestión del tamaño del espacio también es tabú. Todavía no hay una respuesta concreta a esto en nuestra era evolutiva. Pero poco a poco vamos tanteando la salida, que probablemente termine en algún lugar con mi descripción. No conozco ningún otro método que no sea el análisis de la amplitud de las ondas luminosas. ¿Pero de qué nos sirve verlo hasta ahora, si muy cerca de nosotros está pasando lo mismo? Como es el mismo juego en todas partes, sólo tienes que mirar por la puerta principal.
Las expectativas de una fórmula mundial se refieren principalmente al comienzo de la masa, es decir, los primeros miembros de la familia de los quarks, ¿cuándo, dónde y cómo surgieron estas partículas elementales?

El universo de la perspectiva de la fórmula
revela la cosmovisión del universo visible.

Si estuvieron allí, ¿de dónde vinieron? La energía, el tiempo y el espacio resultan de la masa, pero cuando se trata de saber de dónde viene la masa, aparece una pared invisible, transparente, pero detrás de ella no se ve nada. Desde hace algún tiempo me pregunto si los miembros de la familia de los quarks pueden surgir de la nada mediante concentraciones de electrones increíblemente altas (fuerzas magnéticas muy, muy altas), porque la capacidad de los electrones es su movimiento, que no se detiene en ninguna parte. Ya sea con nosotros en el mundo atómico o en la materia oscura. Es decir, ¿de dónde viene la energía de los electrones? ¿Por qué siempre se mueven? ¿Fluctuaciones o nerviosismo?

4.) ¿Cómo surgió la idea de la fórmula mundial?

La chispa de las ideas para la fórmula mundial se desarrolló con relativa rapidez y no surgieron preocupaciones al considerar la ley de conservación de la energía. El flujo de energía de una galaxia demostraría así que un análisis de error de la energía primaria (actualmente hidrógeno) de nuestro Sol no se puede aplicar para probar el reactor de fusión nuclear en la Tierra para generar energía. La tecnología del reactor de fusión nuclear fue así orquestada erróneamente por nuestra ciencia muy obsoleta (hace más de 50 años) sin pensarlo mucho. Para que finalmente se abandone esta ilusión de producción de energía, se necesitarán pruebas fundamentales. La investigación sobre este espectro de la fusión nuclear se lleva a cabo aquí desde hace más de 50 años, no es de extrañar que haya tenido éxito, ¿no es así? Del espectro luminoso del Sol se puede concluir correctamente que se trata de procesos de fusión nuclear con una alta proporción de hidrógeno. Pero desde la corona solar sólo podemos estimar de forma aproximada la capa exterior hasta la cromosfera. A partir de los espectros de luz del sol se puede concluir la fusión nuclear, pero el núcleo del sol sigue siendo un secreto inviolable garantizado. Como todo el mundo piensa que el sol está hecho de hidrógeno, sólo digo "burbuja". Para poder examinar los tesoros secretos escondidos y ver lo que realmente sucede en su interior, el LHC está disponible para la especulación con análisis de neutrinos (Katrin Neutrino Scales). Esto posiblemente podría revelar el análisis de error de la energía primaria en el núcleo del sol. Hasta entonces, a mí personalmente sólo me queda seguir la energía que el Sol emite constantemente desde hace varios miles de millones de años, en distintos estados de agregación con las temperaturas correspondientes. Si no hubiera un ciclo energético aquí, estaría equivocado en mi forma de pensar; todo lo escrito aquí no habría existido en absoluto. A partir de esto, la lógica es esperar, en última instancia, una liberación de energía de los soles y una absorción de energía en masas SL. Lo que a su vez da lugar a la lógica de que el espacio, con sus galaxias en distintas etapas de desarrollo, ahora funciona mediante la observación. Esto es exactamente lo que he descubierto en varias áreas de interés para demostrarlo con este libro.

5.) España: Como escala de galaxia proporciona una mejor comprensión.

El ejemplo a escala real de España, con su diámetro casi real de aproximadamente 1.000 km, es ideal para vivir en los tamaños astronómicos de una galaxia como la nuestra y del universo en su conjunto, que vemos en la realidad pero no podemos desarrollar una imaginación adecuada. por el tamaño. Esto hace que a nuestra imaginación le resulte mucho más claro procesar esto mejor para poder visualizar y penetrar realmente la Vía Láctea. A escala, son 100.000 años luz, lo que corresponde a 1.000km de diámetro. En este caso, nuestro sistema solar, medido hasta el cinturón de Kuiper, tendría el tamaño de un pequeño garbanzo de unos 15mm de diámetro. La Tierra estaría a sólo unos 0,158mm de distancia del Sol y la estrella más cercana (Alfa Centauri) está a casi 43 metros de distancia. Estas distancias por sí solas indican que el sistema solar surgió del sol. La velocidad y otros detalles refuerzan esta afirmación en explicaciones posteriores.
En Madrid capital nos imaginamos el centro y en algún lugar está la masa SL, pero ¿qué tamaño tiene esta masa? ¡Nadie lo sabe! No puedes medirlos. ¿Lo sabes? ¿Qué te imaginas? Nadie la ha visto todavía. Permanece oculto en todas las galaxias gracias a la acreditación de los soles en órbita. Si se ven masas SL en una galaxia, lo que ya ha sucedido, será de un calibre muy pequeño, que no se puede comparar con la que hay en el centro de nuestra masa SL. Aquí algunos soles rotarían relativamente rápido alrededor de algo que sólo puede identificarse como masa SL. Esto también es cierto, porque es el final de una larga vida útil para una galaxia grande como la nuestra o incluso más grande.
Suponemos 5 metros del centro de Madrid como diámetro para un posible ejemplo de masa SL. Un pequeño trozo de la metrópolis de Madrid, de unos 25 kilómetros de diámetro. Estos 5 metros no se podrían ver a vista de pájaro desde unos 100 kilómetros de altura, pero España en su conjunto sí,

como otras galaxias. Con un diámetro de 5 metros en la escala española, en realidad serían unos 6 meses luz de diámetro. Observas que la masa SL debe ser increíblemente grande, porque podrías aumentar los 5 metros y seguiría siendo pequeña. Si se mirara España desde esta altura, estos 5 metros sólo podrían verse como un punto mínimo. Sería aún más claro ver a España en la pantalla de un ordenador de 20cm de diámetro. En este caso esta masa SL tendría 5 metros en el medio, la cual tendría un diámetro de 0.001mm. Este píxel ni siquiera aparece en la computadora. En realidad, sin embargo, en este volumen cabrían alrededor de 40 billones de masas solares, teniendo en cuenta que el Sol tiene un diámetro de 1,4 millones de kilómetros, lo que no corresponde a la masa real de todo el Sol. Esto es espectacular y desafía la imaginación por la escala de tal masa SL. Ahora te das cuenta de cómo este ejemplo a escala transmite una realidad notable por la realidad.

La rotación de una galaxia también se puede imaginar mucho mejor si se la calcula como una galaxia estacionaria, ya que nuestro Sol tarda unos 250 millones de años en orbitar alrededor de la masa SL. Imaginemos que el pequeño garbanzo como nuestro sistema solar está en una hoja de papel A4 tirada sobre una mesa en algún lugar de la ciudad de Córdoba. La velocidad relativa del Sol con respecto al centro de la galaxia es de unos 800.000km/h y la distancia a la masa SL en algún lugar de Madrid es de unos 270km. Entonces, el garbanzo en una hoja DIN A4 avanzaría aproximadamente 6,78 mm en un año, o 0,56mm por mes y 0,13mm por semana. Esa sería entonces la distancia de escala para una galaxia de 1.000 kilómetros de tamaño. Ahora bien, si todos los soles de nuestra galaxia se mueven aproximadamente a la misma velocidad (y en realidad lo hacen, con pequeñas excepciones), la constelación de estrellas permanece imperceptiblemente igual y la rotación de una galaxia, como se muestra a menudo en simulaciones por computadora, es falsa y no se corresponden con la realidad. Luego, los neutrinos ajustan las distancias entre los soles en consecuencia. Además, el software para la simulación fue escrito sobre bases que no se basan en la realidad. Aquí no sólo faltan los poderes de la energía oscura. Esto significa que la energía oscura debe incluirse en el cálculo de la simulación como un "neutrino fantasma" en el software, lo cual se explicará muy bien más adelante. Esto debe tenerse en cuenta en estas consideraciones y no aumentar la confusión. Esto abre las puertas a callejones sin salida como punto de partida para futuras investigaciones, donde no se puede encontrar otra salida para responder a las muchas preguntas sin resolver de la cosmología. Esto también le pasó a Albert

Einstein e inventó la curvatura del espacio-tiempo para la gravedad. Esta explicación también viene más adelante. Si miramos ahora nuestro universo observable, con el tamaño de España como nuestra galaxia podríamos mirar casi hasta el sol y cada 10.000 a 50.000km hay galaxias esparcidas en todas direcciones. Se nota que cuando se compara este tamaño, el resultado vuelve a ser oscuro y confuso. Hay poca transparencia para mantener una visión general aquí, porque 150 millones de kilómetros nuevamente nos resultan difíciles de imaginar.

Para tener una mejor idea de nuestro universo visible, resulta ventajoso volver a reducir la escala. Reducimos nuestra Vía Láctea al tamaño de un CD, es decir, a unos 10-12cm de diámetro. Nuestra galaxia vecina, la Nebulosa de Andrómeda, se alejaría entonces unos 2,5 metros de nuestra CD. Hay galaxias distribuidas en todas las direcciones del universo a diferentes distancias entre sí y tamaños desde galaxias pequeñas de 3-4cm hasta casi 1 metro. La visibilidad instantánea debida al corrimiento al rojo de la amplitud de las ondas luminosas entrantes se estimaría, por tanto, en una distancia de unos 14-15km. 1Km entonces corresponde

Mil millones de años luz. Debido a la gravedad y la anti-gravedad (emisión de neutrinos), se han formado estructuras de galaxias densas a no tan densas, es decir, aglomeraciones. Algunas áreas pueden no tener galaxias, pero existe la posibilidad de sospechar que la materia oscura o las ondas de luz entrantes de esta área estén siendo oscurecidas por otras masas SL, es decir, materia oscura, ahora mismo durante el período de observación, lo que probablemente sea menos probable. pero no se puede descartar. Probablemente ambos se fusionarán y el resultado será una estructura del universo tal como se nos ofrece actualmente. Las huellas de las estructuras galácticas que quedaron son ciertamente tan antiguas que no se les puede poner ningún número. Porque un solo golpe, como el Big Bang para todo, eclipsa la imaginación. Basta mirar la proporción de tamaños del universo visible. Entonces ¿cómo puedes creer algo así?

El universo de la perspectiva de la fórmula
revela la cosmovisión del universo visible.

6.) Descubriendo los secretos del universo entero.

Con los secretos que emergen repentinamente a la superficie como desde las profundidades del mar, la credibilidad también aumenta y se puede comprender fácilmente cómo funciona nuestra galaxia en la red de todas las galaxias. Tenemos que dar estos pasos adicionales en el espacio para llegar al fondo de este fenómeno de la función del sol. La energía se descarga (en el sol), se disuelve y regresa al lugar de origen (dentro de la masa SL) para cargarse nuevamente por gravedad para que la descarga pueda volver a producirse posteriormente. Así y no de otra manera debe aceptarse la ley de conservación de la energía. El proceso de disolución con el tiempo da origen a la vida en nuestra tierra. Esto se expresa aquí de forma muy sencilla, pero es un proceso muy complicado. Este ciclo es la vida en el universo o entre todas las galaxias. Esto se explica detalladamente en cada uno de los capítulos.

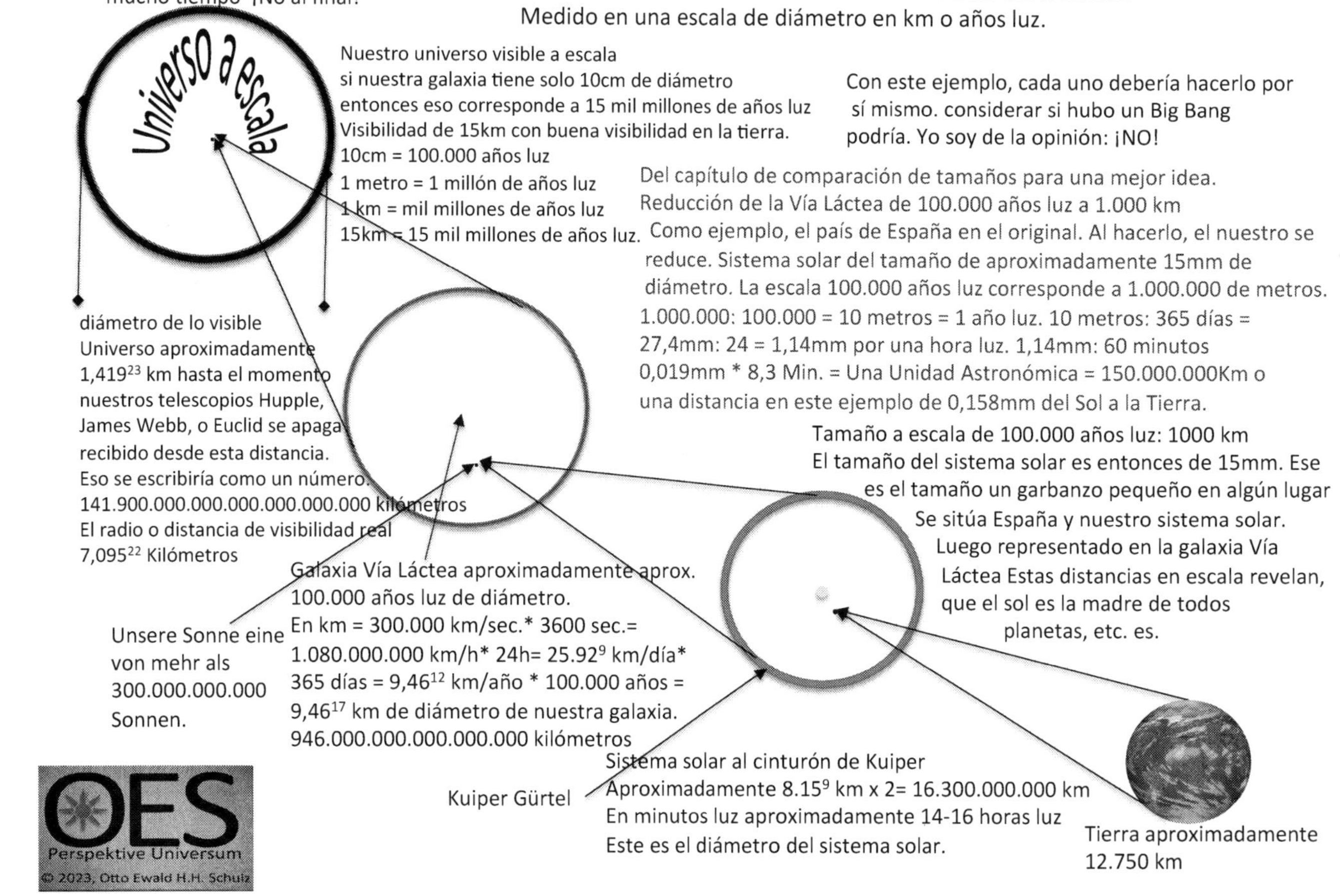

Bosquejo: 2 universo en escalas

El universo de la perspectiva de la fórmula
revela la cosmovisión del universo visible.

6.1.) ¿Por qué el Big Bang es un diagnóstico erróneo para todo en el universo?

Este conocimiento científico, tan extendido en todo el mundo, ha sido víctima de mi razonamiento lógico, tal como ocurrió hace miles de años, cuando todavía existía en nuestra Tierra la visión geocéntrica del mundo con la Tierra en el medio, que luego se hizo más amplia. comprensible alrededor del siglo XVI gracias a la mejor visión heliocéntrica del mundo. Hasta el día de hoy, el llamado Big Bang ha dejado su huella en nuestra visión del mundo. Ahora esto necesita una renovación porque no puede ser así. Ustedes, queridos lectores, podrán evaluar mis argumentos por sí mismos y luego formarse su propia opinión, como siempre ocurre con mis otras revelaciones del universo. Para ello, primero imaginamos el tamaño del universo visible, que tú mismo puedes calcular rápidamente con unos sencillos pasos. Se supone que nuestra galaxia, que tiene un tamaño de 100.000 años luz, está a una escala de 10cm. ¿Podemos hacer entre 15 y 20 mil millones en este momento? Mirar a años luz de distancia en el universo o recibir luz (paquetes de fotones). Esta sería entonces una distancia a escala real de unos 15km a 20km, que en teoría podría verse desde un punto en todas direcciones en una montaña con buena visibilidad. ¿Crees que fue entonces cuando el universo llegó a su fin? Todo hace pensar que esto no es así, porque si así fuera se podría comparar con la cosmovisión geocéntrica, ¡y eso es definitivamente erróneo! Entonces la teoría del Big Bang está sujeta a otra falacia. Dado que la ciencia opina que hubo un Big Bang, el universo se está expandiendo, lo que está demostrado matemáticamente y se han otorgado premios Nobel por ello. (Entonces debe ser cierto, ¿verdad?) Sin embargo, este cálculo se midió en el orden de pársecs. Entonces, un pársec equivale aproximadamente a 3,2 años luz. Ahora bien, a la escala de nuestra galaxia, que tiene 10cm de diámetro, un pársec equivaldría aproximadamente a 0,0032mm. Imagínese este tamaño de pársec en comparación con 15km-20km o más, porque el universo es mucho más grande. Por lo tanto, se ha justificado un volumen de aproximadamente 64.000^3 km a un volumen de 0,33 mm^3, esto escalado a 100.000 años luz a 10cm. En mi opinión, sólo una energía será responsable de este cálculo de la expansión espacial: las interacciones con los neutrinos "fantasmales", todavía desconocidos para nuestra ciencia cosmológica. Esta forma de trabajar naturalmente súper inteligente no puede describirse como fenomenal y fantástica en absolutos superlativos. Por tanto, estos soles que se expanden unos de otros están sujetos a este fenómeno. Las galaxias

también reaccionan entre sí de esta manera a través de esta energía oscura, actualmente desconocida para la ciencia. Esta es una prueba más de que el Big Bang no pudo haber existido. Porque si estos neutrinos no tuvieran energía oscura, no existiríamos en absoluto y, según el principio de la cosmovisión actual, hace tiempo que el universo se habría agrupado en una enorme bola de materia gracias a "solo la gravedad". Porque a través de esta anti-gravedad, que sólo existe en la fase de fusión nuclear del sol, se revela clara y claramente la nueva visión del mundo de la función. Ahora imagina todas estas variables, con todas sus energías, y definitivamente compartirás mi opinión. Esto también conduce a estructuras entre billones y más de galaxias. Estas estructuras no pueden surgir de un Big Bang repentino; son huellas de billones y más de años del pasado.
Gracias a Dios, declaraciones postuladas como las que se describen aquí en el libro ya no lo llevarán a la hoguera hoy. Estas pérdidas por fricción siempre tienen que ser personas que se vean afectadas negativamente por cualquier cambio en nuestro complejo mundo. En este caso, son las habilidades de ingeniería de alto nivel las que se emplean en todo el mundo en la tecnología de fusión nuclear. Aquí se desperdician miles de millones debido a las ilusiones.

6.2.) ¿Cuántas veces hemos existido?

Esto da como resultado relaciones claras. La mentalidad de poner fin al universo no está a la vista para nosotros, los humanos. Cuántas veces los humanos hemos existido con toda la naturaleza en el universo en realidad sólo se reduce a la cuestión de los ingredientes. Con identidades apropiadas, se podrían haber desarrollado más de billones de otros sistemas solares como el nuestro. Todos pueden imaginar esto por sí mismos después de leer los capítulos. Pero me interesaría saber cuántas veces hemos existido los humanos. En cualquier caso, el cosmos ha estado funcionando durante más de un billón de años o más, si eso puede expresarse en números. Un gran estallido de todo lo que imaginamos actualmente a través de la ciencia, donde todo surgió de la nada, suena a pura fantasía y magia. Quien crea esto, debería unirse a una de nuestras diferentes religiones, así no tendría que pensar en ello. ya no.

El universo de la perspectiva de la fórmula
revela la cosmovisión del universo visible.

6.3.) Radiación de fondo, microondas y ondas gravitacionales.

La radiación de fondo u ondas gravitacionales está garantizada y no se puede negar, pero la radiación de fondo se refiere a nuestra galaxia o a sus alrededores y es muy pequeña en comparación con el universo real que podemos ver. El universo probablemente tiene más de < un millón veces más grande, pero ¿quién ya lo sabe? Lo mismo ocurre con las ondas gravitacionales: provienen de todas direcciones, interfieren y probablemente no sea posible una localización precisa. Si surge algún cálculo, este cálculo siempre está muy cerca de una tasa de error alta. En principio, todo investigador parte de la base de un Big Bang, que luego muere sin quejarse en declaraciones descabelladas. ¿De qué otra manera deberías reaccionar si aprendiste los conceptos básicos equivocados en la escuela primaria? Sólo digo; Probablemente sea el mayor desastre de la historia de la humanidad.

6.4.) ¿Comienzo de la Vía Láctea hace unos 13.800 millones de años?

Si volvemos a imaginar nuestra galaxia como un CD de aproximadamente 10-12cm de tamaño, entonces, como dije, nuestra visión con el telescopio tendría aproximadamente 14km-15km de ancho debido al desplazamiento hacia el rojo de las ondas de luz entrantes y que en todas las direcciones relevantes del universo. Con palabras visuales comprensibles, puede distribuir más de billones de CD (y tamaños de hasta 1 metro) en todas las direcciones a intervalos de 0,1 a 5 metros entre sí. Con estas diferentes etapas funcionales de cada galaxia, queda claro que no todo pudo haber comenzado al mismo tiempo con un Big Bang completo hace 13.800 millones de años. La materia oscura por sí sola revela este secreto, porque no es más que una galaxia desintegrada que comenzó su vida hace más de 30 mil millones de años (o más, dependiendo del tamaño de la galaxia), y ahora termina como una masa SL invisible, para relajarse. nuevamente con otra masa SL. Sólo entonces las masas de SL podrán identificarse entre sí y volver a correr unas hacia otras. Esta es una técnica fascinante y está muy bien explicada.

6.5.) Teoría: ¿la concentración es mejor cada 50 años?

Con nuestra tecnología actual, los humanos hemos llegado a un punto que no podríamos haber imaginado hace 300 años. Con estas teorías sobre la creación del mundo, ahora sabemos que no pudo haber habido un Big Bang para todo el universo.
Según mis instrucciones, muchas teorías científicas sólo pueden ser rechazadas. Mejor aún, primero tienes que aprenderlo por completo, es decir, borrarlo de la mente de muchas personas, para que puedas dar un paso más. Incluso si esto no vuelve a suceder hasta dentro de 50 años, el progreso nunca se detiene. No vale la pena luchar contra la verdad. ¡Oponerse a esto sería totalmente inútil! Esto ha sucedido muchas veces durante los últimos cientos de años y probablemente seguirá sucediendo ahora y en el futuro. A las masas les resulta muy difícil aprender.

7.) Asunto desconocido. (masa SL = agujero negro)

Si observamos las capas atómicas en nuestro mundo atómico, sabemos que cualquier material consta de capas atómicas conectadas y que la naturaleza del material depende principalmente del núcleo atómico de los protones y neutrones, y los electrones refinan aún más la mezcla. La fuerza nuclear débil mantiene unidas las capas atómicas.
Para justificar la alta fuerza gravitacional de una masa SL, se puede afirmar que debe haber habido compresión por parte de la masa en el SL. Esta gravedad no puede desarrollarse a partir del hidrógeno, si se quiere que éste sea el material básico del cosmos. Por ejemplo, en un Magnetar no hay explicación suficiente para el fuerte flujo lineal de campo que es responsable de la alta gravedad. Otros ejemplos de consideración conducen al mismo resultado.
En mis explicaciones se explican de manera plausible dos energías vinculantes. Por un lado se describe la fase de reembolso y por otro lado la fase de liberación. Entonces uno entra en la etapa de compresión y el otro vuelve a salir de la etapa de compresión.
En la etapa de compresión, que es el estado en la masa SL en el que llega allí la materia atómica elemental. (Sólo conocemos esta materia atómica) proviene de los soles ardientes, en la fase de vida del sistema solar y más tarde a través de la destrucción del sistema solar por el sol. La fase de descompresión, es decir, cuando la materia comprimida vuelve a ser materia

atómica. Esto es exactamente lo que sucede con el sol. Para que no haya confusión, la primera energía de enlace en la compresión se denomina definitivamente A1 desde el mundo atómico de la capa atómica hasta el nucleón N1. La segunda energía de enlace también se conoce como Q1 en la etapa de compresión del nucleón N1 al estado de materia simétrico de la familia de los quarks. Esta es también la masa SL en su conjunto, con una increíble cantidad de materia comprimida, si es que el término materia todavía se aplica. En el segundo paso, se disolvió la fuerza nuclear fuerte que une al gluón. Hay que tener en cuenta la profundidad en la materia SL, realizándose la fase de transición de N1 a Q1. Este punto probablemente se producirá a miles de millones de kilómetros desde la superficie hasta las profundidades. La forma de evaluar la proporción de electrones sigue siendo una especulación. En el choque de las 2 masas SL, este estado de compresión se invierte nuevamente al romperse en más de billones de trozos individuales (los soles individuales). Aquí, en la fase de descompresión, describo la primera energía de enlace como Q2 de las familias de quarks al nucleón N2 y la segunda del nucleón N2 a nuestro mundo atómico como A2. Esta explicación del asunto desconocido ciertamente no es fácil de entender al principio y me gustaría utilizar recursos para ello.

Para tener una idea real de tal masa de SL, lo mejor es imaginar el país de España en la realidad. Madrid, con su metrópolis de 25 kilómetros de diámetro, ocuparía 5mm en la pantalla de Google Maps de un ordenador con un diámetro de 20cm. Entonces 5 mm corresponden a 25 km, donde 5 metros corresponden a 0,001mm. Si ahora imaginamos estos 5 metros como el diámetro de una masa SL en la metrópoli de Madrid, entonces esta masa SL tendría en realidad un diámetro de aproximadamente 6 meses luz o, medido en kilómetros, aproximadamente $4{,}5^{12}$km.

(Anunciado 4,500.000.000.000 km) Esta bola gigantesca no sería visible en absoluto en la pantalla de un buen ordenador de 15" de alta resolución con un diámetro de 0,001mm. Un píxel sería cien veces más grande con 0,1mm. Ahora resulta incluso tentador suponer que la masa del SL podría ser en realidad mucho mayor. Porque si de vez en cuando tienes visiones de masas SL, entonces se trata de objetos cuyo tamaño es muy exagerado. ¿O qué piensas de eso? Por ahora, nos contentamos con esta idea y tratamos de entender la presión. Este material podrá generar una presión increíblemente alta a una profundidad de mil millones de kilómetros. Dado que ya se han visto galaxias muy grandes con diámetros de hasta 1 millón de años luz, este ejemplo encaja perfectamente en cualquier galaxia. Por lo tanto, la presión se debe al propio material, que luego comprime prácticamente todos los miembros cuánticos en capas más profundas debido a la gravedad. La fuerza nuclear débil y fuerte se disuelve o, mejor dicho, se carga, es decir, se genera energía vinculante. Al igual que la lluvia llena una presa y luego la presión del agua impulsa un generador para producir electricidad. Así es como a través de los cuantos se forma la fuerza nuclear débil y fuerte en el Sol como mundo atómico, con el producto final de la fusión a nuestros pies a través de la curva de nucleidos como tabla periódica y nosotros mismos estamos compuestos de ella.

Especulativamente, se puede decir que en algún momento en las profundidades

Entre 800 y 1.000 millones de kilómetros los nucleones, es decir, el mundo atómico que conocemos, ya no existe. Probablemente también desde la superficie debido a la alta gravedad de los electrones, que luego destruyen todo lo que llamamos el mundo atómico. Personalmente estimo que todas las masas de los electrones están en la capa exterior de la masa SL, lo llamamos singularidad. Me imagino que esto es como una trituradora que neutraliza todo lo que es absorbido por la singularidad. No hay fusión nuclear y tampoco hay luz. ¿Pero quién sabe cómo está estructurada la superficie? Cómo se manifiesta esto externamente sólo es imaginable, pero es definitivamente una consideración secundaria. Como se mencionó, la energía de enlace (fuerza nuclear fuerte y débil) de los nucleones se disuelve por la gravedad. La fusión nuclear o el desarrollo de energía hacia el exterior ya no pueden ocurrir debido a la alta gravedad. En la zona superior de la masa SL, las capas atómicas son prácticamente destruidas por sus propios electrones con movimientos muy cortos y con ello se liberan los nucleones. Como resultado, el material atómico que conocemos colapsa cuatrillones: 1 (nivel de compresión). Esta fuerte gravedad luego faltará cuando se rompa debido al choque y el proceso comience al revés, de modo que se crea un sol, que a su vez crea Surge un sistema solar a lo largo de miles de millones de años. Este proceso de retroalimentación de Q2 a N2 a A2 es entonces la energía primaria del sol y no sólo la fusión nuclear de hidrógeno a helio, que como producto final nos da el calor y las distintas radiaciones ultravioleta. Otros procesos de fusión ocurren hasta la tabla periódica, pero sólo en la primera fase caliente de la historia de la formación. En la fase de descompresión, este es el primer paso de unión de energía de Q2 a N2. Sigamos con el nivel de compresión, me gustaría señalar que con tal nivel de presión es posible adoptar esta consideración de los niveles de compresión A1 a N1. (ver formación de estrellas de neutrones) Si no hubiera una estrella de neutrones, solo aparecería una fase

de energía vinculante. Esto se desprende de la lógica. Porque como acabo de decir, falta la fase de Q2 a N2, lo que significa que sólo puede quedar una estrella de neutrones.
Más adelante, en el ejemplo de escala de 4,5 billones de kilómetros a una bola de plástico ejemplar de Nivea (pelota plástico, que probablemente todo el mundo conoce) con un diámetro de aproximadamente 45 cm (aquí 4,5 billones de kilómetros corresponden a 45cm), la relación entre mil millones de kilómetros de profundidad se convierte en la masa SL. , una caja de bolas de plástico Nivea de 0,1mm de espesor, por lo que es relativamente delgada. Sin embargo, todavía quedan aproximadamente 2,249 billones de radio/km más hasta el centro de esta masa.
Ahora puedes ver qué presión ejerce tu propia gravedad sobre la masa que se comprime aquí bajo la "corteza" (¿quizás no sea una corteza en absoluto?). Eso sería demasiado burdo, prefiero imaginar que esta zona sea similar a la corona del sol, pero sólo en la función opuesta. De modo que el núcleo cuántico principal se manifestó en algún lugar a cierta profundidad debido a la creciente presión de la gravedad. No veo ninguna razón para un mayor nivel de energía vinculante debido al flujo de energía. Cuando se trata de crear este potente campo magnético, que se extiende a más de 500.000 años luz, la responsabilidad recae únicamente en los electrones libres, que asumen una intensidad de campo de proporciones inimaginables. La masa SL probablemente funcionará de manera similar a la explicada en este ejemplo. Seguramente existen otras versiones que no se diferenciarán mucho de ésta. Pero no se pueden clasificar de forma diferente a los flujos de energía.

La forma exacta en que se produce la transformación en estrellas de neutrones, Magnetare o supernova tiene ciertamente algo que ver con esta energía de enlace. Más adelante se explicará cómo podría funcionar este proceso con mayor precisión, en Neutrinos. Puedo describir este análisis de energía de la siguiente manera. Teniendo esto en cuenta, me gustaría recordarles que sólo se pueden hacer afirmaciones si las energías que podemos observar a través de los telescopios siguen un ciclo energético lógico. En galaxias que recién se formaron hace quizás 130 años, donde dos masas SL chocaron en un choque. Esto produjo radiación gamma y un torrente de luz que era más de 5.000 veces más brillante que la que nuestro sol emite ahora. (En mi opinión, estos son quásares) El agrandamiento (el diámetro que aumenta debido a la expansión) de esta luz lleva millones de años a una tasa de expansión de más de

4.000.000 kilómetros por hora. Ejemplo: Esta galaxia en formación tiene un diámetro de un año luz y el choque ocurrió a esta velocidad hace unos 130 años. Si este desarrollo se observara durante 10 años, el diámetro se expandiría de 1 año luz (9.500.000.000.000km) a 9.850.000.000.000km. Esto con una velocidad de expansión increíblemente alta de 4 millones de km/h. En la práctica, después de 10 años, se obtendría el mismo haz de luz con una intensidad luminosa ligeramente menor. A medida que la neblina de la nube de gas continuará envolviendo lentamente el núcleo. Cuando las masas SL chocan, las bolas fragmentadas se separan como soles. Estas bolas astilladas son impulsadas a la órbita mediante colisiones, rebotes y otras distracciones. Sin embargo, la mayoría de estos "soles actuales" son reacreditados relativamente rápidamente por la masa SL, mucho más tardía. Después de unos 6,5 millones de años, esta galaxia tendría el diámetro de nuestra Vía Láctea, pero la velocidad calculada disminuiría debido a las confrontaciones de los soles y así los 6,5 millones de años podrían expandirse a más de 10 millones de años. (Especulativo, dependiendo de qué tan grandes eran las dos masas SL al principio).

Y ahora, para la segunda compresión, el paso de energía de unión de protones y neutrones a las partículas elementales de la familia cuántica. Todo lo que hay ahora en el ejemplo del tamaño de las bolas de plástico de Nivea es la masa de partículas elementales puras, es decir, de la familia de los quarks. Aquí las 4 fuerzas básicas combinadas ahora están juntas simétricamente para formar una materia. El peso de esta materia está determinado por los bosones de Higgs, que se encuentran en cada nucleón. Si estas familias de quarks están muy juntas, puedes hacer el siguiente cálculo para determinar aproximadamente el peso de esta materia desconocida. Las familias de quarks tienen un tamaño aproximado de 10^{-20m} a 10^{-21m}, las capas atómicas tienen un tamaño aproximado de 10^{-9m} hasta 10^{-10m}.

Esto significa que las familias de quarks son aproximadamente 100.000.000.000 de veces más pequeñas. Por lo tanto, encajarían 100 mil millones de veces uno al lado del otro en longitud, ancho y alto en una capa atómica.

El universo de la perspectiva de la fórmula
revela la cosmovisión del universo visible.

Eso significaría que, como bola redonda, 100 mil millones * 100 mil millones * 100 mil millones /4*3,14 = $7{,}85^{32}$ bosones de Higgs/ 17 miembros restantes = 4.6^{31} unidades de capa atómica juntas en el espacio que antes solo ocupaba una capa atómica de una X de cualquier material y ahora está comprimido. Dado que más del 90% son átomos de hidrógeno y helio, se debe restar un pequeño factor a la cantidad. Aún así, habría que tener en cuenta el factor desde los nucleones hasta la capa atómica, ya que todos los elementos tienen diferente número de nucleones, lo que significaría una media de aproximadamente $3{,}1^{28}$ familias de quarks efectivos en una capa atómica. Si escribe aquí el peso de este asunto desconocido, todos dudarán de si realmente puede ser así. Por lo tanto, mi estimación sería la siguiente: dado que los electrones son indestructibles, pero tienen aproximadamente el mismo tamaño que los miembros de la familia de los quarks, debería haber espacio entre ellos, lo que permitiría a los electrones moverse lo suficiente. Estos factores llevarían de algún modo el peso quizá real de esta materia desconocida a billones o billones de toneladas por cm^3. Curiosamente, en este momento en el estado de conservación de la agregación, casi todos los miembros de los quarks están unidos en tamaños de 10^{-19m} a 10^{-21m}. Aquí no habrá neutrinos en acción porque no hay desintegración radiactiva, por lo que no se permite la fusión nuclear debido a la alta gravedad (gravedad). Comparable en nuestra tierra; Si hubiera 2 o 3 veces la gravedad, entonces no habría más clima y el agua ya no podría evaporarse.

Supongamos que los soles funcionan como el nuestro en el primer paso de energía de unión, porque no son los protones y neutrones los que ya están presentes en el núcleo del sol, sino las partículas elementales que normalmente todavía tienen que unirse en los protones y neutrones. (Q2 a N2) Dado que el electrón es tan pequeño como los quarks, los electrones no pueden unirse estrechamente y, debido a su movimiento, generan corrientes increíblemente altas en un espacio muy pequeño para el campo magnético del sol. Se garantiza que esta masa en el SL será superconductora con cero pérdidas debido a las corrientes. Que tiene la misma habilidad que la de la masa SL. Así es como puede ser el núcleo del sol. Los nucleones se forman encima del núcleo del Sol y la energía de unión liberada de aproximadamente 15 millones de grados C se genera como energía primaria. En la siguiente etapa, los nucleones y los electrones se unen en la teoría del caos. No sólo tienen lugar procesos que unen átomos, sino que también tienen lugar en paralelo procesos radiactivos. El átomo más común y simple es, por supuesto, el átomo de hidrógeno, que luego puede fusionarse mediante una cadena. El deuterio tiene un protón y un neutrón en su núcleo, y el tritio también tiene un neutrón. El control de todos los procesos proviene del propio núcleo del Sol con su alta gravedad a través de la desintegración beta, que probablemente también regula al Sol a través de los neutrinos para un suministro constante de energía desde el núcleo. Debido a la funcionalidad en la zona de convección con la fotosfera, aquí se lleva a cabo el segundo paso de unión de energía. La energía primaria produce la transición de protones y neutrones a capas atómicas con sus electrones. (N2 a A2) Luego continúan los pasos de fusión y, lógicamente, el átomo más simple de hidrógeno también es el que más se produce. En ciencia, el análisis de errores se basa en la sustancia básica del sol, el hidrógeno, que simplemente no puede ser correcto. Esto es impensable para la formación de sistemas solares. Todos los elementos que conocemos se produjeron en el sol y se encuentran principalmente en el sistema solar. Estos procesos luego atraviesan la cromosfera y pasan a la corona solar. El viento solar con diversos tipos de radiación también llega a la Tierra y permite que surja la vida. Hoy en día el flujo de energía sólo existe de forma debilitada. Porque hasta el momento en que se cerró el sistema solar, la formación del sistema solar todavía se caracterizaba por un ambiente más cálido, lo que permitió que se formaran los planetas. En el momento del cierre, todo el material expulsado del Sol estaba rodeado por gas más caliente del exterior. Este manto exterior de plasma y gas caliente puede interpretarse como un "contenedor" en el que se encuentra el sol. Entonces el sol estaba más frío con sus 8-10 millones de grados en la región de radiación exterior, con esta burbuja más fría extendiéndose hasta el cinturón de Kuiper. Esto significa que todos los planetas y lunas actuales quedaron atrapados en esta burbuja por la gravedad y conducidos a una distribución controlada de la materia. Pero tenga en cuenta que esto todavía sucedió en el plasma y en el estado gaseoso a través del estado de la ley de agregación. Hoy en día sólo una fracción de la masa del Sol cae sobre la Tierra. ¿Cómo puede un análisis de este tipo de Albert Einstein basar la justificación de la gravedad en la curvatura del espacio-tiempo? En ese momento no había planetas, sólo plasma y materia, gases y todos los soles. Entonces, no hay otra manera, la fuerza gravitacional debe provenir del sol. No existe nada más.

El universo de la perspectiva de la fórmula
revela la cosmovisión del universo visible.

8.) Recarga de energía con descripción general introductoria.

¡Breve resumen desde una perspectiva diferente sobre la carga de energía en la masa SL y la posterior formación del nuevo sol! Así, el ciclo energético, resumido en unas pocas frases, puede abarcar un período de 20 a 100 mil millones de años, dependiendo siempre de la masa total de las dos masas SL en el choque. En cada pequeño Big Bang de galaxia se produce un ángulo de impacto diferente, lo que no sólo probablemente, sino también con certeza, influye en la estructura de los brazos espirales debido a los procesos de la teoría del caos. Antes de entrar en este asunto, me gustaría afirmar que nadie lo ha examinado ni visto jamás. Por tanto, es algo que sólo se puede analizar a distancia utilizando energías (masas, soles, etc.), de las que luego se pueden leer las huellas. Además, esta materia desconocida sería tan pesada que no podría almacenarse aquí en la Tierra y mucho menos examinarse en laboratorios. Se hundiría en el suelo de nuestro planeta como un ladrillo se hunde en el agua o incluso más rápido, lo que todavía me parece un eufemismo. Probablemente más bien como un lingote de oro en el aire con propulsión a chorro. Por lo tanto, es necesario un flujo de energía comprensible para que quede claro de qué es responsable el agujero negro; esto aún no puedo determinarlo a partir de las investigaciones científicas publicadas hasta ahora. Se simula mediante singularidad, horizonte de sucesos, radio de Schwarzschild o curvatura espacio-temporal. La imaginación científica no tiene límites cuando se trata de este tema. Bueno, lo mejor es olvidarse de estas extrañas combinaciones de palabras y concentrarse en lo esencial. La pregunta es: ¿Para qué se necesita la masa SL? Lo que la naturaleza hace aquí en innumerables masas SL ciertamente tiene un propósito; de lo contrario, no todas las galaxias tendrían una de estas en el medio. Lógicamente, en la masa SL no se libera luz ni energía de ninguna forma, sino exactamente lo contrario, es decir, absorción de energía (acreditación) por fuerzas gravitacionales extremas dentro de la masa SL. Esta es una afirmación importante, porque la luz no puede existir en la masa SL; esto sería completamente absurdo en la naturaleza, porque la luz siempre significa liberación de energía. (Fusión nuclear) O hay una ingesta de energía o una liberación de energía, ambas no existen al mismo tiempo y sería una paradoja. En el tiempo astronómico, una atracción cada vez mayor debido a la absorción de masa por parte de la masa SL eventualmente absorberá toda su galaxia; esta es la tarea natural de una masa SL y al mismo tiempo el flujo recurrente de energía. Como en un circuito de agua de calefacción, la bomba de circulación con la fuente de calor. Ahora bien, cuando sólo hay una masa SL invisible corriendo por ahí (ya se ha observado muy a menudo), también se la puede llamar materia oscura. En algunos casos todavía quedan algunos soles enrollados alrededor de la masa SL, como se ha observado tantas veces. El hecho de que este tipo de observaciones se produzcan una y otra vez con billones de galaxias en diferentes etapas agregadas es un hecho y comprensible. Este fenómeno de la materia oscura también se vuelve a explicar en detalle. A partir de entonces, es sólo cuestión de tiempo que esta masa SL se identifique con otra masa SL y se una a ella, o que se encuentre con una galaxia que aún no ha sido completamente conquistada y que ya no genera suficiente anti-gravedad a través de neutrinos y luego Si esto se desarrolla nuevamente, hay mucha evidencia de nuestros telescopios espaciales que respalda mis interpretaciones aquí.

Todos los soles emiten luz y materia como energía en diversas formas. Esta energía puede dar origen a la vida y migrar o fluir, bañar, inundar y contaminar los planetas, por lo que después de varios miles de millones de años los soles pierden lentamente su poder de combustión y se sienten cada vez más atraídos por la masa SL. Este es el ciclo de vida de una galaxia, donde la vida surge "en el medio". Vivimos en esta época con todas las investigaciones del pasado y del presente. Dependiendo del tamaño, se producen diferentes ciclos de tiempo hasta que ya no queda nada que acreditar alrededor de la masa SL. Incluso entonces la llamamos materia oscura, aunque hace honor a su nombre. Según el ciclo circulatorio, es probable que la materia oscura represente alrededor del 40-50% o más del total de galaxias, incluida la masa SL. Es sólo cuestión de tiempo que dos masas SL se vuelvan a encontrar y se produzca un nuevo Big Bang pequeño para que la magia de la vida en la galaxia pueda comenzar de nuevo. Cuando estas masas SL se encuentran, la energía previamente comprimida de las 4 fuerzas básicas se descarga nuevamente a través de los soles. Ahora el ciclo se cierra nuevamente y los soles liberan luz y materia como energía para permitir que los planetas florezcan con vida y para que la gente pueda volver a preguntarse cómo surgió todo.

El universo de la perspectiva de la fórmula
revela la cosmovisión del universo visible.

9.) Diferencia entre agujeros negros que no lo son y sistemas solares.

Necesitamos categorizar los flujos de energía en el universo tal como se nos muestran, no como queremos verlos. Si el campo giratorio de una galaxia se evalúa y analiza incorrectamente utilizando las leyes de Newton, no debería sorprendernos que surja la fantasía de la energía oscura. Este es sólo un pequeño ejemplo para presentar cómo funciona la masa SL. El proceso galáctico de cada galaxia no se puede comparar con el proceso del sistema solar, como suponen las leyes de Newton. El error aquí radica en la formación de una galaxia, sin mencionar las leyes de conservación física de la energía. Por lo tanto, en el estado de vida actual, casi todos los soles orbitan alrededor de la masa SL aproximadamente a la misma velocidad, a diferencia de los sistemas solares que surgieron del sol, y demasiado rápidos para las leyes de Newton. Aquí, debido a la gravedad, se han establecido diferentes velocidades dependiendo de la distancia entre el estado del plasma y del gas. En las galaxias es completamente diferente, simplemente por la anti-gravedad, que en los planetas no existe; aquí la distancia permanente al Sol se mantiene gracias a la velocidad. En el caso de las galaxias, la anti-gravedad la proporcionan los neutrinos y mantiene a las galaxias alejadas del centro. Esta tecnología está precisamente planificada para que la vida pueda desarrollarse en los soles exteriores. Sin embargo, las víctimas de los solares estaban demasiado cerca del SL. No están predestinados desde el principio para el propósito de un sistema solar como el nuestro y son los sacrificios por nuestras vidas. Debido a este sistema de altas velocidades en el núcleo galáctico interior, se necesita mucho tiempo para que pueda tener lugar una fase de vida larga de las galaxias exteriores. Esto se controla con mucha precisión y se demuestra una y otra vez. Creo que es fantástico cómo la naturaleza ha creado esto. Durante mucho tiempo pensé cómo era posible algo así y seguí pensando en las leyes de la conservación. Simplemente increíble, incluso fascinante. No puede ser de otra manera, de lo contrario los investigadores no se estarían rascando la cabeza sobre la energía oscura. Todo lo que circula hoy en cosmología no encaja ni atrás ni adelante, existen consideraciones de lo más imaginativas, que no resisten ni la más mínima crítica.

9.1.) Épocas de desarrollo.

Me gustaría hacer la siguiente declaración específicamente para el desarrollo de la comprensión humana. Cuando miramos hacia atrás en el tiempo y luego avanzamos para comprender épocas, descubrimos que nos hemos acercado cada vez más a secretos del universo que antes estaban ocultos pero que existían antes de que los humanos viviéramos. Hoy, con esta documentación de la fórmula del mundo galáctico que escribí, sabemos cómo funciona el cosmos que nos rodea a distancias de aproximadamente 14 a 15 mil millones de años luz o más. Sin embargo, aún no se ha descubierto dónde y cómo se creó la masa total. Estoy convencido de que este punto de la evolución será desarrollado aún más por la humanidad en algún momento del futuro. En un momento en el que la visión del mundo no está clara, no deberían publicarse hipótesis como la del Big Bang como origen del universo entero, porque esto bloquea el rumbo real y ayuda a llegar al origen correcto del mundo. También bloquea muchos cerebros y les alimenta con hechos supuestamente "correctos" que son falsos. Quizás por ahora en esta época nos contentemos con una versión que sea físicamente comprensible y que no permita consideraciones fantásticas, mediante la cual la cosmología pueda finalmente salir del callejón sin salida, de modo que las hipótesis irrefutables sean recortadas para no contradecir las otro. Con esta documentación me gustaría poner acentos para poder avanzar progresivamente en lo que tengo en mente. Es necesario repensar completamente la astrofísica. Con las masas SL sólo se puede proceder lógicamente con el flujo de energía y preguntar a la naturaleza qué es lo que realmente quiere lograr con él. Si piensas en algo fantástico sin preguntarle a las energías, se abre la puerta a terminar en una aberración. Un buen ejemplo revela una teoría mal concebida. Todo el mundo sabe a qué nos referimos con una masa SL, tiene una gravedad tan alta que no sale ni la luz. Bueno, tiene una gravedad alta, ¡eso es seguro! Pero la luz no existe en la superficie de esta bola monstruosa o masa SL, porque la gravedad es tan fuerte que la fusión nuclear no puede ocurrir, por lo que no se puede emitir luz. Porque como ya se dijo, la masa SL absorbe masa, ¡no libera masa! Además, la luz no tiene masa, sino paquetes de fotones (cuantos) que no pueden verse influenciados por la gravedad. Esto hay que aceptarlo de plano. Lógicamente una SL no puede acreditar masa y hacer fusión nuclear (viento solar, emitiendo luz) al mismo tiempo. Sería, una vez más, un sistema paradójico y no funcional. Si así fuera, se violarían varias leyes de la física. Este es el primer error grave de razonamiento, por el que

expresiones como el radio de Schwarzschild, el horizonte de sucesos y la singularidad simplemente se olvidan, porque el funcionamiento de una masa SL es muy sencillo y sencillo.
Además, no se trata de un agujero como se suponía originalmente, sino de una masa comprimida, por lo que las capas atómicas de todos los elementos que conocemos se han disuelto y al menos todos los nucleones están muy juntos, en capas más profundas probablemente se vaya un paso más allá, por lo que la familia de los quarks también proviene de la energía de unión de la capa de nucleones. Con esta consideración, todavía hay un aumento de la energía de enlace y todos los electrones libres tendrían rienda suelta para generar altas resonancias con flujos de corriente gigantescos, que conducen a concentraciones de líneas de campo que rondarán los 10^{20} Tesla y más. Este campo magnético crea los brazos de la nebulosa espiral con la anti-gravedad de los neutrinos y organiza toda la evolución de la galaxia desde el principio. La responsable de esto es la fuerza electromagnética, que alcanza un nivel que nosotros, como seres humanos, no podemos imaginar del todo.
En la teoría de la compresión de capas atómicas y la disolución de nucleones, como se describió anteriormente, se combinan las cuatro fuerzas básicas. Debido a la forma en que funciona esta masa, los humanos nunca podremos acercarnos a este material y mucho menos examinarlo en el laboratorio. Es tan pesado que no puede existir en nuestro mundo atómico, de ninguna manera es compatible en nuestro mundo atómico clásico.

10.) Empezando con la materia oscura.

El análisis de errores también calcula mal los cálculos de ambos tipos de energía, materia oscura y energía oscura. Si se supone que todo se basa en materia atómica, es decir, que los soles están compuestos principalmente de hidrógeno y que las masas SL de una galaxia son agujeros, entonces bien podría ser lo calculado. No quiero comentar aquí porque es una completa tontería. Mi cálculo es el siguiente: la masa total de todo el universo visible es 100% con todo. La materia visible son los soles con todos los planetas y todas las sustancias moleculares, independientemente de su tipo y forma. Esto puede variar y conducir a diferentes condiciones en el universo. Dado que hay más masa visible que invisible, debido a la vida útil de la existencia de los dos, me gustaría estimar que es entre un 60 y un 70% visible, dejando el resto para la materia oscura. Las energías de la energía oscura, que han sido calculadas por la ciencia, se basan primero en un análisis de error y luego habría que calcular o deducir esta energía (son los neutrinos) de la

materia visible. Dado que en la materia visible existen dos tipos de energía, independientes de la masa (también independientes del suministro de los planetas desde el sol), la gravedad y la anti-gravedad, estas son las dos que conducen a una cosmología engañosa.
Las leyes de Newton no cuentan en la galaxia porque allí la gravedad está dirigida por la mecánica cuántica en las masas SL. Las leyes de la gravedad aquí son diferentes a las del sistema solar. Esto se debe a que la masa SL y los propios soles generan altas fuerzas gravitacionales. Comparación de dos electroimanes que funcionan con electricidad. (Galaxia) El sistema solar sólo tiene un fuerte campo magnético procedente del sol, que crea gravedad mediante la creación de corrientes parásitas en nuestro planeta y, lógicamente, es mucho más débil. Por tanto, en el sistema solar, la gravedad proviene del sol y forma la gravedad de los planetas. Por lo tanto, aquí es necesario hacer una distinción. La ley $E=mc^2$ tampoco se puede aplicar en el universo, sólo en el mundo atómico. Esto lleva entonces a suponer por qué los soles no salen de la galaxia a velocidades tan altas. Porque surgen fuerzas de atracción superiores. Además, existe la materia oscura, que sólo libera anti-gravedad para su detección y no libera ninguna otra energía. Ya no hay materia ni energía en el universo, si hubiera más, ¿qué sentido tendría? El universo funciona con estas energías, todo lo demás es invención y se basa en la imaginación.

10.1.) Análisis de errores de estrellas.

El magnetismo de electro-gravedad hace que una galaxia se forme desde la etapa de formación (redonda y gaseosa, la galaxia elíptica o galaxia en rueda de carro está a punto de formar sus brazos espirales) hasta convertirse en una galaxia espiral. La deformación de las galaxias en brazos espirales también reduce posibles colisiones. ¡Ciclo de renovación! (Formación de sistemas solares en la galaxia)
El sol Aldebarán tiene un diámetro más de 40 veces el de nuestro sol e irradia sus procesos de fusión nuclear con más de 100 veces más potencia. Por tanto, las intensidades de la fusión nuclear dependen únicamente del tamaño del sol. Nada sobre la formación en polvo de estrellas y nubes de gas; un sol así no puede crearse por gravedad. No existen leyes físicas que lo permitan. Un sol como Aldebarán liberaría billones de toneladas de materia mucho antes y luego crecería el doble. ¿Cómo funcionaría eso? Hay estrellas aún más grandes y más brillantes y, una vez que comienza la fusión

nuclear, ya no se puede acreditar masa y, sólo por esta razón, tal teoría sobre la formación del sol queda descartada desde el principio. Por eso también todo apunta a que el Sol se formará a través del choque con 2 masas de materia oscura, luego la materia comprimida se distribuye y al mismo tiempo el Sol fuerza al sistema solar a formarse físicamente.
Explico las energías de unión en la etapa de compresión en la masa SL como: A1 a N1 / N1 a Q1 y luego en la fase de descompresión en el sol de: Q2 a N2 / N2 a A2. También se adjuntan bocetos.

10.2.) Supernova.

Una galaxia siempre tiene una masa SL en el centro, que hace tiempo que pasó la transición a la compresión. Entonces está comprimido a los miembros de la familia de Quark. No existen elementos atómicos tal como los conocemos a través de las capas atómicas aquí en la Tierra.
Una supernova será el comienzo del comienzo de una masa SL, puede ser causada por la colisión de 2 grandes soles. En ambos soles, el paso de energía de unión de Q2 a N2 y de N2 a A2 se libera debido a la gravedad relativamente menor. Sin embargo, cuando se produce una supernova, ambas grandes masas del Sol se combinan y así evitan el paso de energía de unión de N2 a A2 debido al aumento de la gravedad. Ahora que se especifica la formación de una masa SL, el primer paso de energía de unión Q2 a N2 también se ve afectado y (según la gravedad total) se crea una masa SL. Se reacreditan las masas atómicas de ambos soles. Lo que se formó alrededor del núcleo del sol. El chorro de esta supernova probablemente se originó en alguna fase de unión de energía y no provoca una detención completa de la energía liberada. Porque el proceso de transformación provocado por la colisión de dos grandes soles no es suficiente para suprimir la parte energética de unión Q2 del N2. El destello inicial de la supernova es entonces envuelto relativamente rápido por la nebulosa de gas y, mediante el oscurecimiento, reduce con el tiempo la intensidad de la luz, pero no la alta radiación gamma. Con estos fenómenos también hay que tener en cuenta que en algún punto de la zona fronteriza entre el bien y el mal, aquí en las masas, se producirán explosiones tan extrañas, esto no se puede descartar con tantas posibilidades. Esto también podría describirse como un área gris entre la masa SL y los soles. Porque la interfaz también tiene que estar en algún lugar aquí.
La masa SL de una galaxia con un diámetro de más de 5.000 años luz es más de un millón de veces más pesada que el comienzo de una supernova

con su material. Por lo tanto, en algún momento con un cierto tamaño de masa, comienza la formación de una masa SL. Según los rastros de energía, una supernova probablemente no sea más que el choque de dos soles más grandes u otros objetos como estrellas de neutrones, Magnetare y cualquier otra cosa que se pueda cuestionar. Lo cual bien puedo imaginar como una explicación. Todos los procesos similares, como Magnetare, estrellas de neutrones, púlsares, quásares, etc., con los que los humanos hemos fantaseado como nombres, deberían clasificarse como fenómenos secundarios que no pueden evitarse mediante teorías de probabilidad de este complejo desarrollo en una galaxia. Además, vemos estos fenómenos espectaculares y les hemos puesto diferentes nombres, ¿con razón o no? Desempeñan un papel menor en la formación de sistemas solares si éste es el objetivo principal de una galaxia. Llamándolos intentos fallidos donde no se cumplieron ciertos parámetros. La misma estructura fisiológica se puede ver también en la naturaleza de nuestra tierra, derrochadora, excesivamente exagerada, esta naturaleza se manifiesta en el mundo vegetal y en todos los seres vivos, ¿por qué no también en el universo? Para mí estos canales de consideración sugieren que es mejor intentar que estudiar, o también se puede decir: "Están cortados por la misma tela". ¡La probabilidad lo es todo! En cualquier caso, la puerta a la especulación está abierta de par en par; detalles más precisos pueden dar lugar a suposiciones diferentes.

10.3.) Exo-planetas.

Después de leer el libro completo, podrá evaluar mejor las consideraciones para un exo-planeta que podría albergar vida como nuestra Tierra. Ciertamente, cada uno tiene puntos de vista diferentes, al igual que nosotros, los humanos, tenemos todo. Pero como he repetido tantas veces, se garantiza que la misma mecánica cuántica existirá en el universo gracias a sus estrictas leyes. Porque la familia cuántica da forma al universo entero. Con repetición me refiero a todo el contexto del libro, porque muchas cosas no se pueden interpretar de manera diferente en las explicaciones.
Estas son las condiciones marco que contienen todo lo que nuestra ciencia ha descubierto definitivamente a través de experimentos. Pero como ya habrás notado, el análisis de errores y las contradicciones están incluidos en el orden cosmológico. Además, ahora se realizan búsquedas de exo-planetas. Mi opinión es la siguiente: una Tierra como la nuestra sólo puede cobrar vida mediante el surgimiento de vida en las siguientes condiciones.

El universo de la perspectiva de la fórmula
revela la cosmovisión del universo visible.

1. El tamaño, si es demasiado grande, no hay atmósfera, por lo que no hay agua, etc. Si es demasiado pequeño, sucede lo mismo. 2. Si está demasiado cerca del sol, hará demasiado calor; si está demasiado lejos, hará demasiado frío. Hace millones de años hacía más calor en nuestra Tierra porque había demasiado CO_2 en el aire, que ahora vuelve a ser liberado por los combustibles fósiles. Las plantas y el mar lo han resuelto durante millones de años y han conseguido descomponerlo. 3. Luego está el eje y la rotación de la Tierra, de modo que las proteínas y todo el material biológico pueden desarrollarse a través del clima y la temperatura. 4.La luna también es importante, de lo contrario no habrá flujo ni reflujo. Si se cumplen estos requisitos básicos, el sol puede felicitarse. 5. El sol, con su tamaño, es probablemente el polo decisivo. Una vez que cambias un parámetro, no hay Tierra como la nuestra. Por lo tanto, ahora la comparación de tamaños se aplica de manera realista a un exo-planeta. El Sol mide alrededor de 1,4 millones de kilómetros de diámetro y la Tierra unos 12.700 kilómetros, por lo que tiene un diámetro 109 veces menor. Si ahora tienes el Sol en la pantalla de tu computadora con un diámetro de 20cm, entonces la Tierra tiene un tamaño de 1,8mm. Cuando miro fotografías de exo-planetas, veo que tienen 10, 12 o 15 veces el tamaño de la Tierra. Por ejemplo, nuestro Júpiter es sólo 10 veces más pequeño que el Sol. Así que estos no son los planetas potenciales que se buscan. Así que aquí apenas hay señales de éxito. Pero la ilusión de nuestra humanidad es innovadora.
Quizás por casualidad, como Colón, haya otros descubrimientos de los que por el momento no tenemos la más mínima idea. Deseo a todos los investigadores mucha diversión y éxito.

11.) ¿Cómo está estructurada la masa SL? (Agujero negro = masa SL)

Durante la formación de este material desconocido en la masa SL se debe aplicar al menos la misma energía, que luego se libera nuevamente a la inversa. En nuestro Sol eso sería más de 20 mil millones de años con una producción de energía de $1{,}8^{29}$ Peta-vatios/h durante este tiempo. La energía del neutrino no está incluida aquí; entonces sumaría <1000 veces, lo que podría conducir a la identificación de energía oscura. Además, existe la energía primaria liberada en el sol, que permite liberar estas dos energías. Este proceso de conversión de energía se puede explicar por la compresión, que conduce a la destrucción de la capa atómica por la gravedad, es decir, la

gravedad de la propia presión del material, que se ejerce sobre el propio material. Sabemos que se libera una cantidad increíble de energía mediante la división de los núcleos atómicos, pero se utilizó mucha más para crear núcleos atómicos. Después de que un átomo se divide, los núcleos atómicos todavía existen, por lo que solo se liberó una parte de la energía durante la división. Por tanto, el proceso de compresión para la neutralidad total de nucleones y electrones requiere relativamente más energía de la que se libera posteriormente. ¡Ley de la conservación de la energía! Esta es la energía necesaria para colocar los núcleos atómicos en la posición correcta. Comprimiendo la masa total en la familia cuántica, donde todas las partículas elementales se encuentran juntas y encuentran la energía de enlace para la etapa final del proceso.
Con las magnitudes de los quarks up y down en el rango attómetro de 10^{-18m} o en el rango de los neutrinos de 10^{-24m}, los nucleones son enormes en el rango de 10^{-15m} en el rango femtómetro. Por lo tanto, hay una cantidad increíble de espacio en la capa atómica de un átomo de hidrógeno o de cualquier otro elemento con potencial de compresión. Entre 10^{-9m} y 10^{-10m}, la capa atómica es enorme en comparación con los quarks y bosones, leptones, bosones de Higgs o electrones.
Para comprenderlo mejor, ¡imagínese, por ejemplo! En la capa exterior de la masa SL (aproximadamente una hora luz de espesor como una corteza, los nucleones están todos muy empaquetados, todos los electrones son libres de continuar generando electro-magnetismo, porque los electrones siempre están activos) es similar a la de una corteza terrestre. capa Masa formada por nucleones y electrones. Más profundamente bajo esta capa, a una profundidad de aproximadamente mil millones de kilómetros, la presión sobre los nucleones comienza a actuar con tanta fuerza que los protones y neutrones se disuelven, tal como lo hacían antes las capas atómicas. En este estado, los miembros de la familia Quark son libres y forman una energía neutral y equilibrada que queda atrapada bajo la gravedad y no puede activarse como una fuerza nuclear fuerte y débil. Esta distribución de capas se puede comparar aproximadamente con la distribución de capas alrededor del sol. Debido a este cambio, los electrones siempre se comportan de forma adaptable a cada estado de la materia. Ya sea en el mundo de la capa atómica, después de la disolución del mundo de la capa atómica o en el estado del mundo de la familia de los quarks, los electrones siempre tienen la tarea de mantener la gravedad, simplemente mediante su movimiento. ¡Los electrones nunca descansan! En el mismo espacio hay billones de electrones, lo que conduce a líneas de campo tan fuertes. Esta es una prueba

indispensable de la preservación de la gravedad por parte de los electrones. Dado que los electrones son aproximadamente del mismo tamaño que la familia de los quarks, trabajan en perfecta armonía para lograr la alta intensidad del campo magnético que toda galaxia necesita para funcionar. Ahora estamos en el mundo cuántico y podemos hacer una declaración importante sobre la preservación perpetua de los electrones. Los electrones no se pueden dividir, destruir ni transformar de ninguna manera, siempre siguen siendo electrones, sin importar cuán alta o baja sea la temperatura o la presión. De todo esto se desprende lógicamente que los electrones constituyen la gravedad y deben ser considerados responsables de ella. Porque aquí en la masa SL ya no existen fusiones nucleares, no se utiliza ni la fuerza nuclear débil con producción de neutrinos y radiactividad ni la fuerza nuclear fuerte con protones y neutrones, por lo que ambas ya no existen. En el lenguaje común se podría decir; están en espera. Se puede comparar con el agua represada de una presa. En la parte superior de la presa están las familias de quarks comprimidos y en la parte inferior, el agua que fluye después de que gira el generador es nuestro mundo atómico. En el medio, es decir, en la bajante, se encuentra la interfaz en el sol, entre la QFT (teoría cuántica de campos) y la ART (teoría general de la relatividad). Aquí se produce la liberación de energía, que aún no podemos ver desde la Tierra, lo que lleva al análisis erróneo de que el Sol está hecho de hidrógeno.

Lo que ahora sólo puede entenderse como energía en nuestro sentido es la gravedad causada por los electrones, que durante esta compresión puede acumular hasta 10^{20} Tesla o más, lo que puede dar lugar a enormes galaxias con un diámetro de 1.000.000 de años luz.

Aquí se logra el último paso energético hacia la masa absoluta del quark con la expresión de la singularidad. Ha surgido una materia superconductora cuyo peso es un billón de veces mayor. Ésta es la única forma de imaginar la masa SL. Por eso el sol tiene tanta energía que dura miles de millones de años.

Una pequeña prueba de consideración por la formación recurrente de galaxias por gravedad con resultado de choque dice; que no pudo haber habido un Big Bang en el universo en su conjunto, hoy en día se forman nuevas galaxias cada día en diferentes lugares del cosmos. Esto va en contra de la teoría del Big Bang en todo el asunto. La versión del Big Bang para todo el universo eventualmente se detendría por completo, y eso es aún más improbable porque no hay señal alguna de ello. Porque sin un ciclo energético, el universo lógicamente se paralizaría. Se puede decir que los

electrones crean gravedad y, por lo tanto, son un motor de energía que se regenera a sí mismo y que nunca puede detenerse debido a la gravedad. Esta no es una máquina de movimiento perpetuo, sino que el universo como espacio cerrado establece en la ley de conservación de la energía que la energía no se puede perder ni aumentar, por lo que la energía en el universo siempre sigue siendo la misma.
La expansión espacial es igual de fácil de cuestionar, simplemente tiene sentido reclamarla porque te gustaría que fuera así. ¿Aquí suponemos un punto de origen, o más bien todo el gas? ¿Qué surgió de repente de la nada? Por supuesto, volvemos a estar en medio de todo esto, como hace cientos de años, cuando el sol todavía giraba alrededor de la tierra.
El análisis de errores del Sol que sostengo resulta principalmente de cálculos matemáticos de energía que no pueden calcularse en la masa central del Sol. Mis dudas se relacionan con la eyección de masa del sol calculando la constante solar. Por consiguiente, según la fórmula $E=mc^2$, el Sol debería tener una pérdida de masa de aproximadamente 4 millones de toneladas/s. Lo banal es que la famosa fórmula no se puede utilizar al sol. En relación con la superficie total, esto sería alrededor de 0,65 gramos de masa en aproximadamente 1 km^2. ($3{,}14*d^2$) ¡Eso simplemente no puede ser cierto! No tengo inclinación por la credibilidad, sólo por las consideraciones debe haber una falta de energía que no fue tomada en cuenta. Por eso, una vez más, el sol no está hecho de hidrógeno.
Asimismo, un cálculo de la masa total del planeta solar de aproximadamente $4*10^{27}$ kg, incluidos el cinturón de asteroides y el cinturón de Kuiper, se basa en 4 millones de toneladas/s. hacia lo imposible. Sin embargo, a alrededor de 4 millones de toneladas/s durante 10 mil millones de años, sería alrededor de $1{,}26^{27}$ kg. Esto se acerca al resultado objetivo. Ahora lo único que falta es la masa de la nube de Oort. Debido al largo proceso de formación, calculo que la masa de la nube de Oort es al menos 10 veces la masa planetaria total, es decir, aproximadamente 4^{28} kg. Porque fue la zona con mayor condensación alrededor del sistema solar durante más tiempo durante su formación. Según mi versión de la formación del sistema solar, una gran parte de ella podría atribuirse a la materia invasora, que provocó una desaceleración de la velocidad inicial. Esto también es parte de Galaxy Constante. ¿Cómo se debe y se puede llegar a un cálculo plausible cuando la densidad del sol se da oficialmente en 1,4 g/cm^3? En realidad, el núcleo del Sol probablemente tenga una densidad de $9^{16}Kg/cm^3$, o más. Porque no está hecho de hidrógeno.

El universo de la perspectiva de la fórmula
revela la cosmovisión del universo visible.

Por tanto, todos los cálculos basados en la presencia de hidrógeno en el universo son erróneos.
Sin olvidar la energía de los neutrinos, que tienen más de 1.000 veces la energía solar, lo que daría como resultado una emisión masiva total de aproximadamente 40 billones de toneladas/s. averiguar qué es más realista asumir. Eso es aproximadamente 5 toneladas por 1 km^2 (no 0,65 gramos) o aproximadamente 5 kg por $1000m^2$, luego 1 m^2 = 5 gramos/sec. Esto puede reconocerse de una manera creíblemente comprensible.

El Big Bang en miniatura sólo puede entenderse en el sentido de que ocurrió durante la reformación de una galaxia. (Ver croquis: escala del Universo.) Estos procesos se pueden observar continuamente, al igual que la disolución total de las galaxias. Sin embargo, dado que estos procesos duran millones de años, sólo se ven las etapas actuales de desarrollo, con un retraso que depende de la distancia. Incluso cúmulos enteros de galaxias indican que antes eran dos galaxias gigantes.
¿O deberíamos pensar que es una coincidencia crear un mundo atómico a partir del sol y luego con este sistema solar dar vida a la tierra con nuestra naturaleza en la que podemos vivir? ¡No! Según los flujos de energía, no se trata de una coincidencia, sino de un resultado final físico que, de alguna manera, según el principio de probabilidad, siempre conduce a un sistema solar con el tamaño de sol correspondiente.
brevemente resumido
Cuando te preguntas sobre una masa SL, rápidamente te encuentras atrapado por tu imaginación. Perseguir un pensamiento claro aquí sólo es posible si uno es consciente en todo momento de la consideración de no permitir nunca que se le aparte de la ley suprema del flujo de energía en el universo. Independientemente de lo que se les ocurra a los investigadores, los agujeros de gusano y cosas similares ya no son una fantasía.
Se ha descrito en varios capítulos y aquí hay una versión breve.
Un SL no es un agujero, aunque lo parezca, o mejor dicho, porque así lo queremos ver. Es una materia comprimida, en la que anteriormente estaba nuestro mundo de átomos. El mismo material, sólo que en una estructura diferente. No más proyectiles nucleares, no más energía nuclear débil y fuerte. Tampoco hay neutrones ni protones, solo la familia de los quarks, incluidos los electrones. Densamente empaquetados para que todos los electrones puedan contribuir con su trabajo a la gravedad. Si esta materia es líquida o sólida o ha asumido algún otro estado sigue siendo una especulación. Lo que quiero decir es que es un tipo que tiene la capacidad

estructural de soportar una colisión de un millón de kilómetros por hora. formarse de tal manera que billones de bolas, trozos, lo que sea, formen soles y luego liberen energía durante miles de millones de años.

12.) Regeneración en la masa del agujero negro.

En mi teoría, la gravedad conduce a una gravedad enorme, lo que resulta en la regeneración de energía en la galaxia. Aquí, las 4 fuerzas básicas (como dije, en mi opinión solo hay 3) de nuestro mundo atómico se combinan por la gravedad en la masa SL. La gravedad en la masa SL atrae hacia sí todo lo que gira a su alrededor. Solo es cuestión de tiempo. Esta absorción permanente de materia en diferentes estados físicos no sólo aumenta la creciente gravedad, sino que al mismo tiempo también aumenta el electromagnetismo de la masa SL. (eso significa: ¡3 poderes básicos!) Estos dos poderes básicos van juntos y son inseparables, o mejor aún, indestructibles. Lo que se registra en la masa SL es principalmente la gravedad de la masa, estrellas en diferentes etapas de desarrollo, también se pueden incluir masas SL más pequeñas. Así que todo, hasta el último cálculo, hasta el átomo de hidrógeno más pequeño. En el punto de acreción total no queda nada, se crea un vacío total alrededor de la masa SL. La masa SL es entonces completamente invisible y su objetivo es no emitir energía de ninguna manera. La superficie debe ser muy lisa debido a su gravedad, algo que nunca podremos lograr aquí en la Tierra. No se puede coordinar. Sólo al despertar una nueva galaxia la atracción de las líneas de campo a través de la gravedad sobre otras masas SL permanece intacta. Éste es el significado de la formación, vida y muerte de las galaxias. Cuando este proceso se comprende en detalle, sabemos exactamente cómo se formó nuestra vida galáctica y cómo funciona el universo. La estructura del sistema solar es fundamentalmente diferente de la estructura de las galaxias. Las leyes de Newton se aplican en toda la galaxia porque son la base de los electrones. Sin embargo, la teoría general de la relatividad sólo se aplica al sistema solar atómico, excluyendo el núcleo solar. La fórmula $E=mc^2$ no es compatible con la masa SL. Porque las energías en la interfaz entre los cuantos y el mundo atómico están en una relación diferente.

El universo de la perspectiva de la fórmula
revela la cosmovisión del universo visible.

13.) Explicación introductoria de la fórmula mundial.

Cada galaxia es autosuficiente y sólo funciona con diferentes tamaños de masa y etapas de desarrollo temporal en comparación con las otras galaxias, debido únicamente al tamaño de la masa. Porque no quiero ni saber cuántas veces ya se ha dado este proceso de disolución y reforma. Cada número que hoy se puede nombrar tiene un comienzo, pero no un final, y cuál fue realmente el comienzo de la materia es algo que probablemente no descubriremos en este siglo, y mucho menos lo descubriremos en el futuro. La Naturaleza del Universo también lo habrá planeado precisamente.
Antes de continuar con la introducción, hay que olvidar mucha imaginación, modelos hipotéticos y tonterías humanas, de lo contrario no se llegará al verdadero origen. ¿Por qué digo eso? Bueno, un ejemplo rápido con nuestro querido sol. Todo el mundo sabe que el Sol se compone principalmente de hidrógeno y una pequeña cantidad de helio. Por supuesto, si algo así se enseña en la escuela, la gente seguirá creyéndolo más adelante y quedará como una marca de nacimiento durante toda la vida. Todo el mundo crece con ello, en algún momento no puede ser de otra manera, lo aceptas sin pensarlo. Pero, ¿es esto realmente la verdad? ¿Puede ser diferente? Esto es exactamente lo que revela la fórmula mundial y usted decide por sí mismo ayudar a abordar el cambio climático, que nos concierne a todos. Aquí es donde está la clave para poner acentos y avanzar de forma más eficaz y rápida.

13.1.) Fórmula mundial desde la interfaz.

Cuando piensas en la fórmula mundial probablemente imaginas algo increíblemente complicado, pero es muy simple, no significa nada más que combinar las 4 (3) fuerzas básicas en un todo (¿Existen realmente 4 fuerzas básicas?) del cual puedes concluir cómo El mundo visible para nosotros fue creado en una galaxia con fenómenos invisibles. Por supuesto, esto es desde la perspectiva, como lo han dicho nuestros científicos, de que cada investigador debe implementarlo según sea necesario. Hay un error muy pequeño aquí. Si vemos las 4 fuerzas básicas desde el ART, entonces es correcto, pero en el mundo cuántico, que es el origen de la sustancia del universo, las 4 fuerzas básicas hay que diferenciarlas de manera diferente. Esto significa que, aunque las 4 fuerzas básicas existen en el mundo cuántico, la gravedad las ha transformado en la masa SL, de modo que sólo pueden reconocerse como cuantos. Con la gravedad, los electrones permanecen así porque no son destructibles ni convertibles. Por tanto, los electrones están presentes en todas partes, ya sea en el mundo cuántico o en el mundo atómico. Son la base de todo, sin los electrones no existiría la gravedad y en el mundo atómico no existiría la tabla periódica con toda la estructura atómica.

Todo es muy sencillo si sabes cómo funciona esta construcción. Esto se aplica no sólo a la fórmula del mundo galáctico, sino también a todo lo demás: esta es la naturaleza humana. Todo el mundo sabe lo que esto significa y lo ha experimentado varias veces. Pero primero forme el pensamiento y proponga lo.

Por supuesto, me gustaría mantener el marco irrefutable de los hallazgos físicos de nuestra ciencia, teniendo en cuenta que algunas leyes debidas a la masa SL desconocida aún no existen. Sin embargo, a veces me encuentro con límites para que mis ideas puedan convertirse oficialmente en realidad a nivel científico en el futuro. El LHC del Cern va por buen camino. En mi opinión, aquí no se puede demostrar la liberación de la energía de enlace de Q2 a N2 y A2. Ésa sería la tarea de los súper especialistas en física cuántica. Sin embargo, ya se han hecho aproximaciones, pero no se puede decir nada concreto al respecto. Ni la teoría general de la relatividad ni la teoría cuántica pueden acomodarse en una fórmula mundial científica comprensible; simplemente estamos en una fase de crisis del modelo estándar con la cosmología. Sé por varios datos que debe haber un punto de transición entre los cuantos y los átomos. Sin embargo, honestamente no puedo probar esto con una fórmula. Esta fórmula, al igual que la fórmula $E=mc^2$, debe considerarse secundaria porque los fenómenos de los cuantos y los átomos existieron antes de que existieran los humanos. En mi fórmula mundial, sin embargo, la compatibilidad consiste en considerar la coexistencia de ambas teorías fundamentales como una unidad simétrica. Lo mismo ocurría cuando la Tierra todavía era plana y el avance científico hacia un globo terráqueo requirió más de 200 años. Hoy en día, por supuesto, se encuentra en un nivel completamente diferente, pero en principio es engañosamente casi lo mismo. Al menos hoy ya no te ridiculizan. La Tierra es redonda y nadie podía discutir la verdad entonces. Sin embargo, con este cambio en mi teoría de la fórmula del mundo galáctico, el nivel de dificultad es muchas veces mayor. ¿Los físicos nucleares altamente cualificados y los especialistas en el campo de la fusión nuclear toman la mantequilla del pan, o incluso del pan integral? La fusión nuclear aquí en la Tierra para generar energía es un intento de crear una máquina de movimiento perpetuo, ¡esa es mi declaración clara! Este resultado se vuelve claro y claro a través de mi interpretación de la fórmula mundial, todo habla en contra de la generación de energía a partir de reactores de fusión nuclear, ¡eso es definitivamente! Porque los átomos están terminados y, para poder existir, necesitan la energía de unión de los procesos de Q2 a N2. Si la fusión se va a llevar a cabo nuevamente aquí en la Tierra, entonces se necesita energía para iniciar el proceso, y esa es la energía que se utiliza para ello. Al final, siempre acabas con menos energía de la que utilizaste. Por eso lo mencioné justo antes del cambio climático. Antes de que pase más tiempo importante, confío en los sensores cuánticos y en el LHC, que tal vez puedan producir un análisis preciso del núcleo del Sol para respaldar mi argumento teórico y, en última instancia, aclarar este espectáculo de la ilusión de la fusión nuclear que finalmente llega. a su fin y despeja así el camino para invertir en energías renovables. La NASA también está muy ocupada investigando los procesos exactos en el Sol; aún está por verse si esto producirá algún resultado. En lugar de depender del ITER u otros generadores de fusión.

Las últimas investigaciones de la NASA y la ESA apuntan al Sol; aquí debe haber un avance que no puede tardar mucho. Al presentar esta fórmula universal, las 4 fuerzas básicas se combinan simétricamente en una sola fuerza; no conozco ningún ejemplo modelo que sea ni remotamente comparable a este. Como está muy cerca de la dinámica cuántica del cromo, la he llamado compresión gravitacional de la dinámica cuántica. (Como dije, cuestiono 4 fuerzas básicas) Tú decides, querido lector. También es secundario, ya sean 4 o solo 3 poderes básicos, se queda como está.

Cuando se unifica, la primera fuerza básica más débil (la gravedad) asume la jerarquía sobre la fuerza nuclear débil, luego la fuerza nuclear fuerte y el electromagnetismo como gestión, simplemente controlando todo. Por lo tanto, la gravedad y el electromagnetismo son inseparables y están unidos como el cuerpo y el alma: aunque la ciencia los define como fuerzas básicas separadas, los humanos simplemente los hemos interpretado como fenómenos separados. (ver gravedad) En realidad, este error resulta en la búsqueda de un gravitón, que no existe, (¿por qué no?) al igual que el error de pensar en la velocidad de rotación del sol para la energía oscura. Todo esto se revela de forma clara y comprensible en la fórmula del mundo o en diversos textos. La gravedad en la masa SL incluso cambia la interacción de la energía de enlace de las 3 (en lugar de 4, eso es lo que quiero decir) fuerzas fundamentales estándar para formar aún más simétricamente una sola fuerza. Bajo esta alta presión se disuelven las capas atómicas y, en un paso posterior, también los nucleones, de modo que sólo queda toda la familia de los quarks. Aquí sólo existe gravedad debido al peso de la masa SL, que es activada por los electrones. Un cm^3 de esta masa SL pesaría más de 90 billones de toneladas en nuestra Tierra. Hay que pensar en lo que pesa una masa SL en su conjunto. Los electrones están comprimidos en un espacio superconductor tan pequeño y todos son libres de producir un impulso de línea de campo de al menos 10^{20} Tesla o más. Por supuesto, esto puede seguir aumentando con masas SL (galaxias) más grandes. Sólo así se pueden generar energías tan enormes a través de esta compresión; algo así no es posible con el hidrógeno como material básico en la masa SL y el Sol. En cualquier caso, la definición de hidrógeno no puede servir de base. El sol tampoco podría haber sido creado por hidrógeno. Esto es imposible sobre una base atómica según las leyes termodinámicas.

Para poder profundizar en estos fundamentos profundos de la fórmula del mundo, existen dos requisitos muy fundamentales para poder comprender los dos tipos de materia que hay en el universo.

Por un lado, la materia en la masa SL y en los soles. Esta materia, todavía desconocida para nosotros, sólo puede identificarse mediante los flujos de energía. ¿Contiene la familia cuántica o el 4-5%? Contenido de los nucleones, que luego fueron comprimidos por la gravedad. Sólo en este estado todos los miembros de los quarks están estrechamente empaquetados en la masa SL por la gravedad. NUNCA podremos examinarlos en ese estado físico en la mesa del laboratorio. Está totalmente comprimido y demasiado pesado. Porque sin esta cadena energética vinculante, ninguna galaxia o materia oscura puede revivir. Como ya he dicho; Quizás a través de la detección cuántica, en algún momento se pueda demostrar oficialmente que la prueba científica de esta teoría de la fórmula mundial es cierta. Incluso si esta información se envía a las personas adecuadas, las nuevas ideas impulsoras podrían ofrecer perspectivas de éxito para las investigaciones en el LHC. Estimados lectores, apoyen esta fórmula mundial y comparen los problemas no resueltos de física y cosmología de

Wikipedia. Observa que no sólo se descubren una gran cantidad de problemas, sino que, con un análisis adecuado, todo. Utilice el enlace para reenviar este libro a todos sus amigos y conocidos que lo conocen; lo más probable es que tarde menos tiempo en tomar finalmente medidas constructivas sobre el cambio climático. Aquí, gran parte de la ilusión de la fusión nuclear apunta a combatir políticamente el cambio climático. Porque a través del concepto de cambio climático encontré la fórmula mundial a través de la defectuosa teoría de la fusión nuclear. ¡Definitivamente está claro! No puede ser hidrógeno, que es como los soles generan la energía primaria para su fusión nuclear. ¿De dónde debería venir la energía de enlace del hidrógeno? ¿Quizás por una nube de gas caliente? ¿Quién se supone que debe comprimir este gas? ¡Ley de la conservación de la energía! También el gas más expansivo de todos los que conocemos. ¡Todo aquí habla en contra de las leyes de la energía termodinámica! No necesitas más preguntas para un análisis. Dado que el Sol (explicaciones adicionales sobre el sistema solar) debe haber surgido de la masa SL, naturalmente está formado en el núcleo por la misma materia que el SL masivo. La otra materia (de la tabla periódica) que conocemos es la materia atómica, producida únicamente por el Sol, con todos los planetas y todos los accesorios, hasta la Nube de Oort.

Sabemos que el estado físico de la materia nos muestra en qué estado se encuentra. Dependiendo de la relación de temperatura y presión, en el mundo atómico (sistema solar) existe un estado gaseoso, sólido o líquido; otro elemento sólo puede formarse mediante fusión nuclear, desintegración isotópica o fisión nuclear; de lo contrario, el elemento sólo se modifica mediante procesos radiactivos. . Es muy bonito ver en la curva de nucleidos cómo los elementos se han estructurado de forma muy sencilla: en el Sol hay constantemente más desintegraciones +beta y -beta para acercarse a los átomos estables. Este es el caldo de cultivo para los neutrinos, que en año 2015 demostraron ser portadores de masa. Así, actúan como fuerza anti-gravedad en todos los soles, lo que lleva a exponer la falacia de la energía oscura.

Todos los cuerpos celestes que se formaron alrededor del Sol, incluida la nube de Oort, surgieron de este material gracias al viento solar. La heliosfera fue originalmente también la zona de formación de la nube de Oort. Todos estos cuerpos, sin importar cómo los llamemos, fueron producidos por el sol. (ver formación de planetas) Esto sólo queda claro a través de un ejemplo a escala y puedes reconocerlo sin ser un astro-especialista. Si reducimos el diámetro de nuestra galaxia de 100.000 LY(años luz) a 1.000 km, nuestro sistema solar hasta el cinturón de Kuiper tiene el tamaño de un garbanzo con un diámetro de aproximadamente 15mm y la Tierra está a aproximadamente 0,157mm de distancia del sol. La próxima estrella está a sólo 43 metros de distancia. Por supuesto, hace unos 14 o 15 mil millones de años las cosas eran completamente diferentes, pero eso lo dice todo: en resumen: ¡el sol luchaba por su lugar! Por supuesto, esto sólo fue posible con la ayuda de muchos otros soles hasta que todos los soles que podemos observar hoy estuvieron en un curso orbital para una masa determinada. El resto fue absorbido por la masa SL hace mucho tiempo, a través de distancias, velocidades o direcciones insuficientes. Calculo que la tasa de rechazo es superior al 80-85% o más. Entre los soles sólo está la nube de Oort, que en mi opinión tiene todos o casi todos los soles. Al comienzo de la formación del sistema solar, éste era un escudo protector para las sustancias materiales. Sólo cuando la temperatura se iguale, porque la temperatura fuera del sistema solar en formación fue mucho más alta durante miles de millones de años. Aquí, después de la colisión, se produjo un impulso después de 6.000 a 7.000 millones de años, de modo que los trozos de condensación de la nube de Oort fueron expulsados lentamente. (ver explicación de la Nube de Oort) La Nube de Oort me da la sensación de ser como una cáscara de huevo, es decir, una protección para el interior para poder construir sin perturbaciones el sistema solar, que duró miles de millones de años.

Al observar la estructura del átomo, resulta que la capa atómica se mantiene unida gracias a la fuerza nuclear débil con los electrones y, por lo tanto, es comprimible. La gravedad en la masa SL puede vencer la fuerza nuclear débil y la fuerza nuclear fuerte a través de su propia gravedad y disolver la capa. Incluso los nucleones son destructibles por la gravedad y lo que queda es la familia de los quarks en el nivel por debajo de la singularidad. Entonces las 4 fuerzas básicas se combinan como una fuerza compacta. Dado que el estado agregado de una materia depende de la temperatura y la presión, sólo así se puede acumular presión debido a la enorme masa total de la masa SL. (ver materia desconocida) En esta masa SL probablemente la temperatura juega un papel menor, pero también se tiene en cuenta la corriente eléctrica altamente concentrada, que genera un campo magnético súper fuerte a través de los electrones libres y, como superconductor, probablemente alcanza una temperatura correspondiente. Imagínese la conocida órbita de los electrones alrededor de un núcleo atómico que tiene un diámetro de 50, 80 y 100 metros, si tomamos el conocido ejemplo del punto de impacto en un campo de fútbol de los núcleos atómicos (nucleones) en forma de granos de arroz. tamaño y los electrones del tamaño de bacterias que zumban en las gradas. El 0,004-0,005% de un grano de arroz es el componente puro donde se han establecido los protones y neutrones de la familia cuántica. Debido a la densidad de masa, la masa SL se convierte ciertamente en un superconductor, que genera altas corrientes con campos magnéticos que son inimaginables para nosotros. Sin duda, esto también forma parte del plan de la naturaleza. Los relámpagos que estallan como tormentas aquí en la Tierra son billones de veces más fuertes en el clima de SL. Esto crea el campo magnético o gravedad. Este fenómeno de campo magnético sólo puede formarse por su propia masa con la gravedad hasta alcanzar el estado en el que la masa SL extiende su gravedad a una distancia de más de 100.000 años luz y más. Hay galaxias de hasta 1.000.000 de años luz de diámetro. Absolutamente imposible lograr esto si se piensa en el uso del hidrógeno como energía primaria. ¿Cómo podría crearse esa energía a partir del hidrógeno? ¿De dónde vendría esta energía? Incluso durante una tormenta, las brújulas oscilan violentamente, y eso se debe únicamente al campo magnético. Ahora tienes que imaginar esta tormenta un billón de veces más fuerte y en una masa cuatrillón de veces más densa y más grande, entonces tendrás una idea aproximada de las fuerzas que conducen a la gravedad. Pero esto es necesario para que el universo funcione.

La lógica de esta energía vinculante se puede reconocer analíticamente en el universo. Esto se explica a continuación. La masa SL consiste en la máxima materia comprimida y no tiene nucleones, pero está densamente empaquetada como una familia de quarks. (0,004-0,005% de los nucleones) Aquí estamos en una escala de aproximadamente 10^{-20m}, los electrones tienen un tamaño de 10^{-19m} y los neutrinos de 10^{-24m}. En este estado de agregación, no hay luz, ni fusión nuclear, ni pérdida de energía de ningún tipo, debido a la alta gravedad y al plan predeterminado de la inteligencia de la naturaleza en este caso. El ser humano ya ha copiado mucho de la naturaleza, este es otro hito para no creer en la inventiva excusa de Albert Einstein con su curvatura espacio-temporal. (La gravedad es tan fuerte que ni siquiera sale la luz). ¿Porque? ¿Cómo se supone que saldrá luz de la masa SL si no existe luz allí? Así como el efecto de lente gravitacional es una ilusión óptica total, u otras causas falsas se esconden para engañarnos. Este

efecto de lente es una mezcla entre los neutrinos, los gases moleculares del planeta, que luego da lugar a una especie de prisma para dividir la luz, lo que también nos engaña como un espejismo. La luz no interactúa a través de la gravedad, esto finalmente debe entenderse. No importa lo que veas. Muchos también han visto extraterrestres. ¡Definitivamente existen! Pero no pueden venir a nosotros.
Aquí hay una breve demostración de prueba, que también se explica en detalle. Después de varios miles de millones de años, la masa SL casi se ha acreditado y a su alrededor sólo existen soles individuales (los últimos, por así decirlo), consideramos la masa SL como materia oscura. Si ya no hay soles, esta masa SL no se podrá ver porque sólo está rodeada por líneas de campo electromagnético que surgen de la masa a la gravedad. No hay forma de localizar estos fenómenos oscuros. A lo sumo es así: imagine un reloj con un diámetro de 25cm colocado sobre una mesa. En medio de este reloj hay una pelota de tenis. Si ahora miras el borde del reloj desde 10 metros de distancia y las 6 del reloj están en el centro del reloj en el frente, entonces desde las 11 en punto hasta la 1 en punto no podrás ver lo que hay detrás. Pelota de tenis. Si, desde la perspectiva de nuestra Tierra, la órbita de quizás 2 o 3 soles gira alrededor del SL a gran velocidad, de modo que la órbita se desarrolla en el espacio como en el dial, hay que medir la velocidad de los soles y luego cuando están detrás la masa SL desaparece, mide el tiempo que tarda hasta que vuelve a ser visible. En el ejemplo del reloj, sería de 11 am. a 1 pm. Entonces podrás calcular qué diámetro tiene la materia oscura. Sin embargo, necesitamos mucha paciencia hasta que esa constelación surja desde nuestra perspectiva. Pero eso no es imposible. Ésa sería una tarea para nuestros observadores de estrellas.

Según el principio de probabilidad, hay entre un 15 y un 20 % o más o menos de materia oscura, es decir, galaxias existentes que en algún momento volverán a desarrollarse y luego existirán como galaxias visibles con miles de millones de soles que conocemos. Este es un ciclo eterno correspondiente al tamaño de una galaxia de 10 a 100 mil millones de años de vida o más. Pero, ¿quién lo sabe con certeza? Un desarrollo así no se puede seguir, no se envejece tanto y se necesitarían miles de generaciones para obtener resultados fundamentales aquí. Es por eso que sólo puedes estimar de forma aproximada los diferentes desarrollos para poder hacerte una idea utilizando esta química, como se describe aquí en este libro.
A medida que las galaxias se expanden a través de otra materia oscura, billones de soles se disuelven con esta materia a nivel de la familia de los

quarks. Este choque disuelve ambas masas de SL en billones o más de "desechos" en forma sólida o líquida. No lo sé, y quién sabe, pero me inclino más por la materia líquida, que es deformable por la gravedad y debe convertirse en soles redondos debido a la alta gravedad. Porque todos los soles parecen redondos. Ahora se pueden ver más rastros de energía en las galaxias: si los fragmentos individuales son demasiado grandes, permanecen en órbita como pequeñas masas SL o también forman galaxias enanas con un pequeño número de soles propios. Incluso existen en la órbita exterior de la galaxia, o en el borde de las galaxias más allá. En la galaxia de la rueda de carro se puede ver muy bien cómo algo así podría formarse en el futuro. La mayoría se han convertido en soles de diversos tamaños. Los fragmentos solares que pudieron iniciar la fase de fusión nuclear perdieron la alta presión gravitacional de la masa SL a su propia masa, ahora más pequeña, y pueden comenzar a construir su sistema solar. Entonces esto podría describirse como una constante. Se encendieron automáticamente para la fusión nuclear, o fueron impulsados o encendidos por el calor extremo causado por la colisión por fricción de las masas SL. Pero sólo si se encuentran en el millón o billón de ambientes calientes creados por el accidente. (Ver aquí sistema solar) Al perder la gravedad previamente fuerte, el proceso de liberación de la energía de unión Q2 a N2 y luego de N2 a A2, la familia de los Quarks a los nucleones y la fusión nuclear (para todos los elementos) está pre-programado para la siguiente energía de unión. paso y ya no se puede detener. El sol fue creado. Durando miles de millones de años aquí en este momento, las 4 fuerzas básicas de la masa SL están distribuidas en billones de fragmentos o escombros, se puede decir que es un Big Bang galáctico, pero sólo para una galaxia, no para todo el universo (ver boceto del universo a escala) ¡porque eso sería pura fantasía! Hay que alejarse de la teoría, es hocus pocus (tonteria). Estos soles luego forman bloques de construcción de nubes de materia caliente y plasma en la galaxia para producir planetas con vida como el nuestro. Esta segunda fase de energía de enlace se libera como energía primaria en el núcleo solar exterior y el proceso de fusión nuclear comienza alrededor del núcleo solar hacia la corona exterior tal como la conocemos, pero, por supuesto, en condiciones diferentes. La preservación y energía primaria del sol proviene de la fase de energía de unión Q2 sobre N2, el paso de energía de unión N2 sobre A2 es la formación de los elementos que conocemos, incluidos los radiactivos, y el comienzo de un mundo atómico, que es lo que todo aquí esta hecho de. Interpretado de manera diferente; La energía de unión liberada de Q2 a N2 es la base de todos los procesos de fusión nuclear

posteriores que surgen de N2 a A2. Por tanto, un generador de fusión nuclear en la Tierra no puede producir un exceso de energía. No tenemos esta energía en la Tierra para ejecutar el proceso de fusión nuclear.
Con su gravedad, la masa SL ha "cargado", por así decirlo, la materia atómica previamente acreditada (A2) por gravedad. Al igual que en nuestra Tierra, la energía se carga mediante la gravedad. Basta pensar en la evaporación del agua (energía solar) que luego llueve a gran altura y se construyen presas para utilizar la gravedad del agua a través de generadores para generar energía. Presa de arriba = masa SL Q2, bajante desde arriba al generador = quarks a nucleones N2, generador = producción de calor en el sol A2. Ahora la gente en nuestro planeta está tratando de utilizar el agua que fluye después del generador para impulsarlo. No hay presión en la tubería, razón por la cual la fusión nuclear para generar energía no funciona. Para un momento de fusión debe preverse una fuente de energía artificial de 100 millones de °C. En el ejemplo, habría que generar alta presión con una potente bomba de agua para que el generador pueda volver a funcionar y generar energía. Si apago la bomba, el generador se detiene. Asimismo, la fusión nuclear se detiene cuando ya no se suministra más calor para la fusión. Todo esto ya ha sucedido y los experimentos lo han demostrado. Entonces lo único que falta es la mente.

La energía que se debe aplicar para destruir los nucleones para que la familia de los quarks quede libre, la misma energía se libera durante la retroalimentación. (Ejemplo de memoria; capa atómica en el estadio de fútbol con un grano de arroz en el punto de contacto) Esto significa que en la fase de energía de unión de Q2 a N2 las familias de quarks se fusionan para formar nucleones, que luego se fusionan en la fase de energía de unión de N2 a A2. Fase para una mayor fusión para formar hidrógeno, helio, etc.. Se desarrolla por casualidad. Al final tenemos todos los átomos que necesitamos para vivir. También en este caso es obligatoria la retroalimentación de la energía de unión (Q2 a N2) (recordemos que 1 cm^3 = <90 billones de toneladas), que proporciona la energía primaria para futuras fusiones nucleares. Por eso, como dije, la fusión nuclear no funciona para generar energía en nuestra Tierra. Sólo funciona por un momento con suficiente energía agregada. ¡Pero nunca con ganancia de energía! (ley de la conservación de la energía)

El universo de la perspectiva de la fórmula
revela la cosmovisión del universo visible.

Por fracaso de las matemáticas me refiero a la compresión de las fases de energía de enlace en la masa SL de A1 a N1 y de N1 a Q1. Que yo sepa, no existe ningún cálculo de una constante de energía o un orden de magnitud para esto. ¿Así como también? Ni siquiera ha llegado a la ciencia todavía. Yo mismo veo las matemáticas como algo secundario aquí. Sólo necesitamos saber cómo funciona para luego plasmar este principio matemáticamente en el papel. Otras personas deberían hacerlo, eso no me gusta.

Lo que me da dolor de cabeza con el proceso del sol es el momento en el que el sol deja de brillar en el proceso de fusión de retroalimentación de Q2 a N2 y luego a A2. Entonces, cuando el sol se va apagando lentamente en tiempo astronómico. Mi primera teoría para esto es definitivamente la fuerza gravitacional. No puedo decir por los rastros de energía qué está pasando exactamente. Sin embargo, lo que sospecho puede estar relacionado con la temperatura de Q2 a N2, que está controlada por los neutrinos. Al igual que ocurre con la fusión nuclear artificial aquí en la Tierra. La fusión nuclear se detiene allí sin ningún proceso adicional porque falta la energía de Q2 a N2. Paralelamente a este proceso, la gravedad continúa disminuyendo y el Sol se expande hasta tal punto (pero no el núcleo) que los planetas gaseosos se evaporan, al igual que los planetas de hierro de nuestra Tierra. Pero entonces la vida en la Tierra está condenada a la extinción sin que nadie se dé cuenta durante millones de años. No notamos nada al respecto. ¿O el cambio climático ya es el comienzo?

Estos eventos no pueden interpretarse de manera diferente basándose en los rastros de energía de las observaciones visibles en nuestras galaxias. ¿O ustedes, queridos lectores, tienen una teoría mejor? Los gigantes rojos, por ejemplo, son fenómenos de este tipo: debido a la disminución de la gravedad, se expanden muy lentamente, se comen sus propios planetas y, en algún momento, surge una nebulosa de materia que surge de las capas de fusión del Sol y se expande hasta alcanzar dimensiones relativamente pequeñas. La Nebulosa del Cangrejo o la Nebulosa del Águila tienen un calibre diferente y muy probablemente estén formadas por otros fenómenos.
Por qué existen dos fases de energía de enlace en la retroalimentación de energía de enlace tiene el siguiente motivo de análisis.

Si solo hubiera una fase energética de unión (los quarks a las capas atómicas), el Sol explotaría justo al comienzo de la fusión nuclear o, en el caso teórico, se quemaría por completo sin dejar ningún residuo. Sin embargo, después aparece una estrella de neutrones o un Magnetar, por lo que deben haber dos fases de energía de unión, porque la energía no se puede engañar, las huellas lo indican. En otras palabras; La segunda energía de enlace se conserva en la familia Quark, tiene que ser increíblemente compacta y sólo puede destruirse mediante un choque. Es por eso que la energía de unión de N2 a A2 se expande debido a muy poca gravedad y se separa porque proporcionalmente no hay equilibrio de Q2 a N2 con menos gravedad y el sol cada vez más grande. Aquí la proporción ya no es correcta, lo que queda es la estrella de neutrones o Magnetar con su gravedad relativamente fuerte, precisamente debido a las familias compactas de quarks. La mayor parte del hidrógeno y el helio se encuentran en la nube en expansión, pero nunca en el núcleo mismo, razón por la cual el Sol se expande en el tiempo astronómico.
Este proceso de expansión se llevará a cabo muy lentamente, antes de que la corona del Sol y sus subcapas se vuelvan tan grandes que destruyan sus planetas y luego se alejen cada vez más, como antes el viento solar, pero con enormes moléculas y nubes de viento solar. Lo que queda es una nebulosa con una estrella de neutrones en el medio. Este proceso lleva millones de años. También existe la posibilidad de que no se produzca ninguna explosión, sino que la expansión de la corona solar se desintegre a gran velocidad (¿100km/sec?) y difícilmente podamos medirla. Habría que mirar al cielo durante 10.000 años y luego la nebulosa sería un poco más grande que antes, este proceso se produce muy lentamente. Algunas gigantes rojas se encuentran en esta etapa y han convertido sus propios planetas en gas y los han incorporado a la nube de materia.
Las explosiones observables son colisiones incontroladas que no se pueden evitar.

Con esta descripción general, sabes aproximadamente lo que significa, pero para la mayoría de los lectores de este libro la familia Quark es algo desconocido. Me gustaría mejorar esto para dar una comprensión del posible proceso de esta teoría para que todos pueden pensar en ello de forma más comprensible.

Para nosotros, la compresión de hierro o acero de titanio no es posible, pero si nos fijamos en el tamaño de las capas atómicas, entonces una capa atómica tiene un tamaño de entre 10^{-9m}. Esa sería la dimensión externa de una capa atómica, que ahora puede hacerse visible con un microscopio de fuerza atómica. Los nucleones, sin embargo, son un millón de veces más pequeños, es decir, entre 10^{-15m}, el espacio entre ellos está vacío. Si se llenara este espacio con nucleones un millón de veces más pequeños, podría haber espacio para alrededor de 785 cuatrillones. Dado que nuestros elementos tienen un número diferente de protones y neutrones, habría que dividirlo por el número total de protones y neutrones (peso atómico) de una materia y luego obtener el número de nucleones estrechamente espaciados del acero de titanio, en este caso casi aprox. 15 mil billones de núcleos atómicos. Este es el espacio que antes tenía una capa atómica hecha de acero de titanio, que ahora contiene 15 mil billones de núcleos atómicos de acero de titanio en este volumen de la capa atómica de acero de titanio, y los electrones también tienen que estar en la capa. Pero eso es pequeño porque son alrededor de 1.800 veces más pequeños que los nucleones. Este sería el paso de energía de unión de A1 a N1, el paso de energía de unión de N1 a Q1 tendría otra reducción de 1.000 veces para los quarks arriba y abajo con un tamaño de 10^{-19m}. Los otros miembros de la familia, Cham Quark, Bottom Quark y Top Quark, vuelven a reducirse a 10^{-21m}, es decir, casi 1.000 veces más pequeños. El asesino absoluto es el tamaño de los neutrinos de 10^{-24m}, que son otras 1.000 veces más pequeños que el quark top, pero no existen porque las fuerzas nucleares débiles y fuertes han sido debilitadas por la gravedad. Pero ahora está sucediendo: los neutrinos de la familia de los quarks eventualmente se detendrán a través de la desintegración -beta + beta y anunciarán así el final del proceso de combustión del sol. Los electrones están aproximadamente en el mismo orden de magnitud.
10^{-19m}, aproximadamente para los quarks arriba y abajo. La sola relación de tamaños nos obliga a considerar que es aquí donde la materia básica estabiliza su origen y de esta se compone la materia desconocida.
Ahora se podría decir que en un protón o neutrón caben alrededor de 1 millón de quarks Up y Down. Como los fermiones, leptones y bosones son otras 1.000 veces más pequeños que los quarks Up y Down, se alcanza la energía de enlace Q1. Se ha demostrado que los electrones

son estables y no se pueden dividir ni destruir, al igual que los otros miembros de la familia Quark se comportarán en consecuencia, no hay nada que decir en contra, más bien habla del hecho de que los electrones no se pueden cambiar, porque son de donde proviene la gravedad, por lo que siempre están activos, sin importar el estado de la materia que esté presente. Esta estructura gravitacional apenas se puede distinguir entre las masas solar y SL en la estructura del disco. Tiene un diseño idéntico, lo que se puede ver claramente en las huellas de energía. Esto conduce entonces a la identificación del mismo asunto. Sólo con ese material es posible que el Sol y sus planetas puedan formarse durante miles de millones de años y luego seguir liberando energía durante muchos miles de millones de años. A través de este ciclo energético, las huellas del sol con su muerte y reconstrucción en la masa SL conducen sin lugar a dudas al proceso cada vez más repetido de creación de una nueva galaxia. Si te preguntas ¿cuántas veces hemos existido los humanos? ¿O la naturaleza nos moldea cada vez de manera un poco diferente? En el principio de probabilidad, en una tierra química de cocina comercial de este tipo, probablemente sea sólo una cuestión de combinaciones con suficiente tiempo.

13.2.) Fórmula mundial de galaxias.

Esta fórmula mundial es pionera y revolucionaria en nuestra era actual. Por fin hay un gran avance para avanzar en la investigación en nuestro cosmos con otro hito y, muy importante, la forma correcta de combatir el cambio climático. Me gustaría dirigirme a los millones o más de activistas climáticos que están utilizando acciones irresponsables para intentar lograr algo a través de manifestaciones contra el cambio climático. Todos los que lean esto deberían saber con qué tipo de monstruo energético estamos tratando. Se estima aproximadamente en unos 150 metros cuadrados de petróleo,
Excluimos 150.000 metros cuadrados de gas natural y 250 metros cuadrados de carbón, madera y otras cosas. Actualmente, estas cantidades se queman cada segundo en todo el mundo. Eso debería hacerte pensar. Esta fue la razón principal por la que quería descubrir la fórmula mundial. Eso fue lo que me dio la idea, porque realmente no fue fácil pensar en algo que a nadie se le hubiera ocurrido antes. La

noticia del año 2015 me benefició porque se descubrió que los neutrinos tienen masa y por tanto transportan energía consigo. Aquí va un resumen muy breve y condensado, porque ya está todo bien explicado. Antes de una explicación del tamaño de nuestro universo, qué podemos ver con los telescopios. Si nuestra Vía Láctea fuera tan grande como un CD de 10cm a 12cm, entonces podríamos ver a unos 15 a 20km de distancia con telescopios. Imagínese estar en una montaña y poder ver la tierra en todas direcciones, incluso en teoría. Cada 2 metros o 3, 4 o 5 metros, incluso a veces menos, hay galaxias hasta donde alcanza la vista. Estos vienen en diferentes tamaños, hasta 1 millón de años luz de diámetro. De estos billones o más de galaxias, la nuestra es sólo una pequeña con alrededor de 300 mil millones de soles. Todos tienen diferentes etapas de desarrollo. ¿Crees que todo esto surge de la NADA? Esta fórmula mundial me dice cómo vive nuestra galaxia, y comenzamos con un pequeño Big Bang de nuestra galaxia, que ocurrió hace unos 12-16 mil millones de años. Las masas del SL se están desintegrando y billones de soles están evolucionando, algunos como el nuestro. A través de sus fusiones, la masa SL en el núcleo del Sol libera todos los elementos necesarios (118) en los primeros 5-7 mil millones de años, o más debido a las altas temperaturas, es decir, todo lo que se puede encontrar hoy en el sistema solar. Esto fue dirigido por la gravedad del Sol para que haya orden en el sistema solar. Los planetas se forman en estados termodinámicos de la materia, tal como lo permiten nuestras leyes físicas, lo cual reconocí bien. En el siguiente boceto puedes ver las distancias de los planetas al sol. ¿Quién puede creer todavía en el engaño que se ha estado produciendo durante años sobre lo que nuestra ciencia tiene que decir sobre la formación de estrellas y planetas que se dice que se formaron a partir de materia, polvo y gas?

Durante la vida útil de nuestro sistema solar, se libera energía y todo lo que es molecular regresa a la masa SL. Esto lleva muchos miles de millones de años. Durante este tiempo la tierra está viva y sólo tenemos un pequeño momento con ella. Luego llega el momento en que el sol se despide y las luces se van apagando poco a poco por todos lados. También puedes ver en el universo que existe algo como esto. En algún momento nuestra galaxia estará lista y quizás otros habitantes de galaxias distantes observen nuestras últimas estrellas zumbando alrededor de nuestra masa SL y luego piensen que esto solo puede ser materia oscura.

Cuando el público de SL lo ha reunido todo de nuevo, en algún momento la diversión comienza de nuevo. Así es como veo la vida en el universo. Sólo se puede admirar lo que se le ocurrió a la naturaleza. Todo esto con perfección, de modo que cada quark individual (ver abajo a la derecha en el dibujo) ha recibido su distribución de tareas para justificar la existencia en el universo.

El universo de la perspectiva de la fórmula
revela la cosmovisión del universo visible.

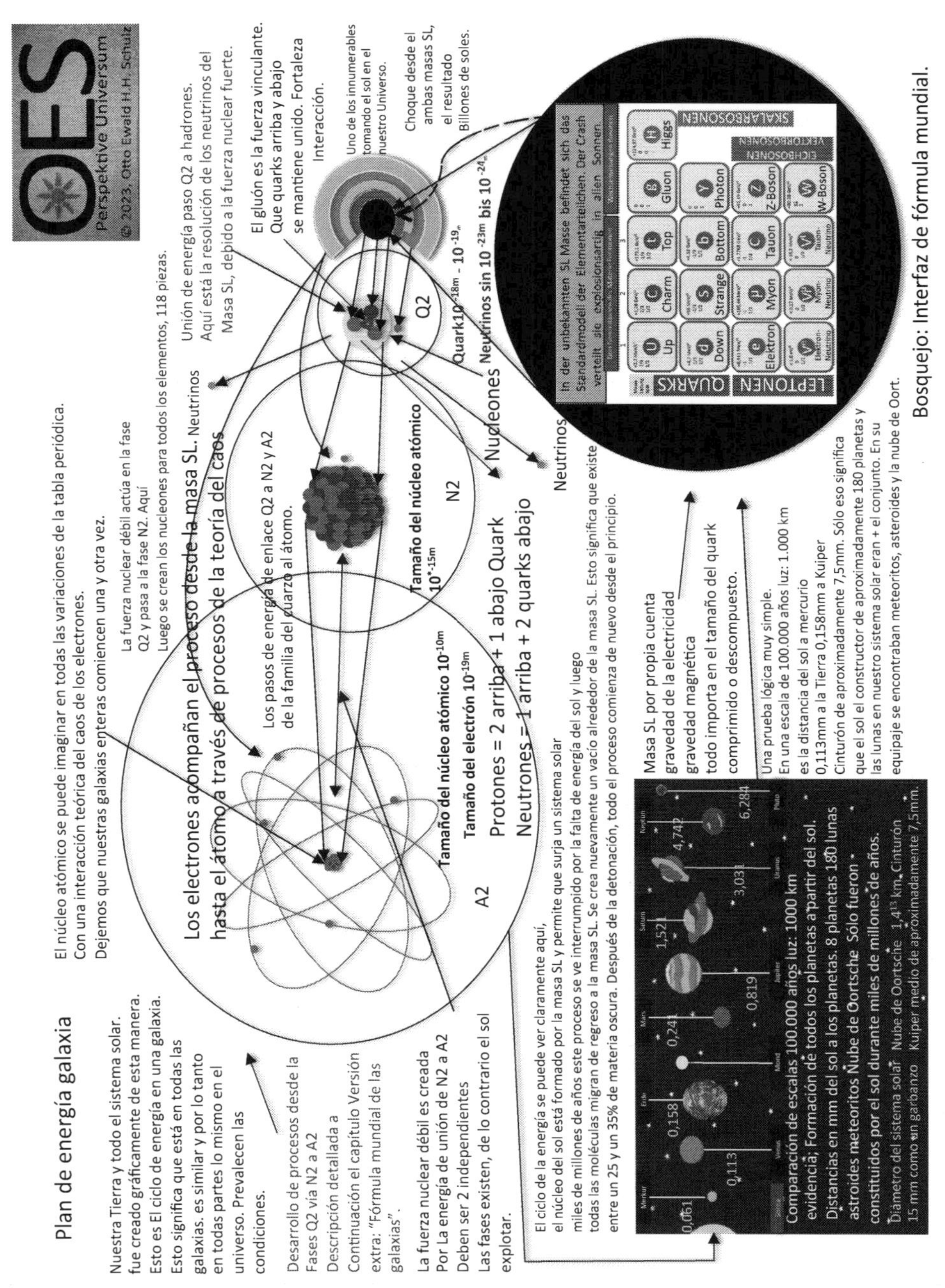

Bosquejo: 3 interfaz de fórmula del mundos

14.) Nuestro sol.

El sol está formado por el mismo material (masa desconocida) que la masa SL, y en él se encuentran las 4 fuerzas fundamentales. Sin embargo, la energía nuclear fuerte y débil está al acecho. El electromagnetismo y la gravedad son 2 fuerzas fundamentales que han sido identificadas por nuestra ciencia como 2 fuerzas fundamentales diferentes, pero están conectadas entre sí de tal manera que no pueden considerarse por separado ni separarse ni aparecer individualmente. Por eso soy de la opinión de que el origen de ambos, se mire como se mire, proviene de los electrones. Entonces, la fuerza electromagnética básica cuenta ambas fuerzas básicas juntas como una. Porque dondequiera que haya algo, ya sea una molécula o un átomo, también está el electrón, y el campo magnético ya existe cuando el electrón individual se mueve. Los electrones no se quedan quietos.
Por un lado, las ondas gravitacionales se extienden a lo largo de millones de años luz y sólo se forman como ondas cuando choca una masa de 2 SL. Entonces la onda gravitacional, que es muy fuerte. Esto también podría compararse con el rayo de una tormenta aquí en la Tierra. Esto también crea ondas gravitacionales, que son billones de veces más fuertes cuando chocan dos masas SL. (Solo por nombrar un número) En segundo lugar, la gravedad actúa como gravedad sobre sí misma con su propia masa, es decir, es presionada por su propia masa comprimida desde una cierta profundidad de masa. Por tanto, el núcleo solar está formado por la materia que originalmente estaba comprimida en la masa SL. Los soles de nuestro tamaño conocido no son capaces de comprimir su masa por sí mismos. Porque como soles pierden masa en lugar de absorberla. Esta conclusión lógica lleva al hecho de que todos los soles deberían tener como máximo un tamaño determinado. Pero como hay soles mucho más grandes, esta teoría de la formación a partir de polvo y materia fracasa, es decir, es un completo disparate. Desde el momento en que este trozo de Sol se libera de la masa SL debido al choque, comienza la función de fusión nuclear del Sol debido a la enorme temperatura de fricción y la caída repentina de la gravedad previamente alta de la masa SL. (Especulativo) Por lo tanto, la formación del núcleo solar hasta la corona solar debe realizarse mediante 2 explosiones de energía vinculante. Este proceso también se puede comparar con la quema de madera en nuestra tierra: el carbono, el oxígeno y el hidrógeno se combinan y el dióxido de carbono es el principal producto que sale. Por eso la madera no explota, sino que se quema, como los elementos básicos de nuestros quarks. Si el Sol estuviera formado únicamente de hidrógeno,

como creen los científicos, explotaría. Esto sucedería con diversos gases, por ejemplo el gas propano o similares, que no necesitan ninguna explosión de energía-ligante, sino que explotan bruscamente.

Se necesita un tiempo astronómico razonable de varios miles de millones de años para construir un sistema solar debido al ambiente muy caliente (de millones a miles de millones de C° o más en el accidente). El sol se funde a millones de grados centígrados y, por lo tanto, funciona como un sistema de aire acondicionado en comparación con la temperatura ambiente más alta que prevalece al principio. Esta afirmación se puede hacer mediante observaciones de energía de otros cuerpos celestes. En la superficie del núcleo solar surge o se desarrolla la resolución de la energía de unión de Q2 a N2 en forma de miembros de la familia de los quarks, de los que surgen los nucleones. Al mismo tiempo, los procesos teóricos del caos producen capas atómicas con diferente número de protones y neutrones, incluidos los electrones, o más bien colocan los átomos en la posición correcta. Este es entonces el paso final de la energía de unión N2 a A2 en la conversión de nuestro mundo atómico. Debido a la simplicidad de la estructura, se utilizan principalmente hidrógeno y helio. Las desintegraciones beta se completan en el primer paso de energía vinculante y también pueden considerarse como la primera energía primaria del sol. Las desintegraciones beta más y menos, principalmente en términos de cantidad, del hidrógeno al helio son sólo un subproducto de la energía solar total real. Las fuerzas nucleares fuertes y débiles se crean ahora durante estos procesos y dan forma a nuestro mundo atómico a través del sol. La curva completa de nucleidos de los elementos se forma principalmente en el rango de altas temperaturas de los primeros 6-7 mil millones de años. Aquí es donde se conecta el cifrado que conduce a la línea divisoria o interfaz entre la teoría cuántica de campos y la relatividad general. La estructura de la corona solar depende únicamente de la gravedad, aquí las fuerzas internas básicas (electromagnetismo y gravedad) (la expresión óptima debería llamarse magnetismo electro-gravitacional) controlan la estructura correspondiente de la corona solar con sus subcapas de procesos energéticos vinculantes. En esta fase final de fusión, la gravedad es suficiente para controlar la cohesión de la superficie del sol. Esto también se puede ver en otros soles mediante una simple observación. (gigantes rojas, enanas blancas, etc.) Todos estos fenómenos no pueden formarse a partir de polvo de estrellas y nubes moleculares, eso es pura tontería y hocus pocus. Prefiero decir esto más a menudo que muy poco.

La mayor emisión de energía del sol no se puede imaginar sin los neutrinos, porque estos neutrinos controlan la futura razón de ser del sol en dos construcciones de pensamiento diferentes. Por un lado, los neutrinos chocan como un chorro de arena contra la superficie del núcleo solar y, al liberarlos, estimulan a la familia de los quarks a manifestarse en nucleones. Sin olvidar que la masa del núcleo solar tiene tamaños de partículas elementales de 10^{-19m} a 10^{-21m}. Los neutrinos como sopladores de chorro de arena son 1.000 veces más pequeños, entre 10^{-24m}. Por eso puede funcionar así. Este proceso de "chorro de arena con neutrinos" es importante para el suministro constante de energía, de modo que en el sol no se produzcan procesos incontrolados. Recuerde, los neutrinos no pueden volar a través del núcleo del sol. Este sería el caso sin este proceso de neutrinos. No se me ocurre ninguna otra forma de controlar este proceso por sí solo. Sin este mecanismo, el Sol pasaría de forma incontrolada al proceso de fusión, ¿y luego qué? Me inclino por esta hipótesis porque en el posterior proceso de transformación en gigante roja, el bombardeo de neutrinos disminuye lentamente a medida que el núcleo solar se hace más pequeño y la corona solar se aleja del núcleo solar, se infla y luego destruye su propio sistema solar. Ésta sería una conclusión lógica. Al quemar madera, la falta de oxígeno haría que la madera se apagara lentamente. Luego se desprende del Sol una estrella de neutrones, con la nebulosa como la corona solar anterior, lo que demuestra claramente este proceso. ¿Por qué si no falla la fusión nuclear en una estrella de neutrones? ¿Por qué la masa de la estrella de neutrones también le confiere un magnetismo súper alto como Magnetar? Estas dos preguntas proporcionan más respuestas a lo que estaba pensando. Más evidencia de este fenómeno confirma la ausencia de planetas fuera del sistema solar en esta etapa. Asimismo, la estrella de neutrones ya no tiene planetas. Claramente significa que el sol siempre crea y destruye sus propios planetas. ¡Así que otra vez! Los soles y los planetas nunca se forman en nubes de gas, moléculas o polvo, como todavía se enseña hoy. Simplemente no tiene lógica y viola la ley de conservación de la energía. Porque el gas, las sustancias moleculares y las nubes de polvo, incluso las piedras, los astroides, etc., ya forman parte del mundo atómico clásico y una energía como la del sol no se puede regenerar. ¡Eso sería una máquina de movimiento perpetuo y eso no existe! La energía sólo se puede convertir; la energía nunca se puede aumentar.

Como se ha mencionado muchas veces, la tan deseada fusión nuclear de hidrógeno en helio para generar energía lamentablemente no es posible en nuestro planeta. Según la ley de conservación de la energía, este es el quid de la cuestión y termina en una dolorosa falacia, por la que no hay producción de energía mediante fusión nuclear en la Tierra. Para formar el plasma en un reactor de fusión nuclear, la energía debe provenir de otra energía y al final todo se queda en una demostración de fusión nuclear sin producción de energía. La segunda estructura conceptual de los neutrinos entra en la atmósfera solar y aparece como anti-gravedad. ¿Cómo debe entenderse? Los neutrinos ya no están golpeando a su propio sol como se describe en la primera construcción. Ahora brillan sobre otros soles para alejarlos. Porque tienen muy poca masa (aprox. 0,6-0,9 eV) o quizás nada en absoluto, eso es increíblemente poco, pero tienen masa. Este fenómeno explica la energía oscura y la expansión del mundo. Como explicación, hay que imaginar que cada sol funciona según este principio, entonces, dependiendo de cómo sean las concentraciones de los soles, las distancias óptimas son reguladas independientemente por todos los soles individuales. De esta forma, cada sol puede mantener la distancia necesaria del más cercano durante miles de millones de años. Por esta razón, nuestro sol podría haber girado alrededor de la galaxia más de 60 veces sin ser atraído por otros soles. Sólo bajo este aspecto puede la gravedad (que nunca puede apagarse) seguir haciendo su trabajo de manera restringida, manipulada y controlada para que pueda surgir vida en los planetas. Si los soles consumen gradualmente todas sus energías, no habrá más neutrinos y el SL atraerá todo para despertar nuevamente la vida en toda la galaxia. Explicaciones precisas bajo la energía de los neutrinos.

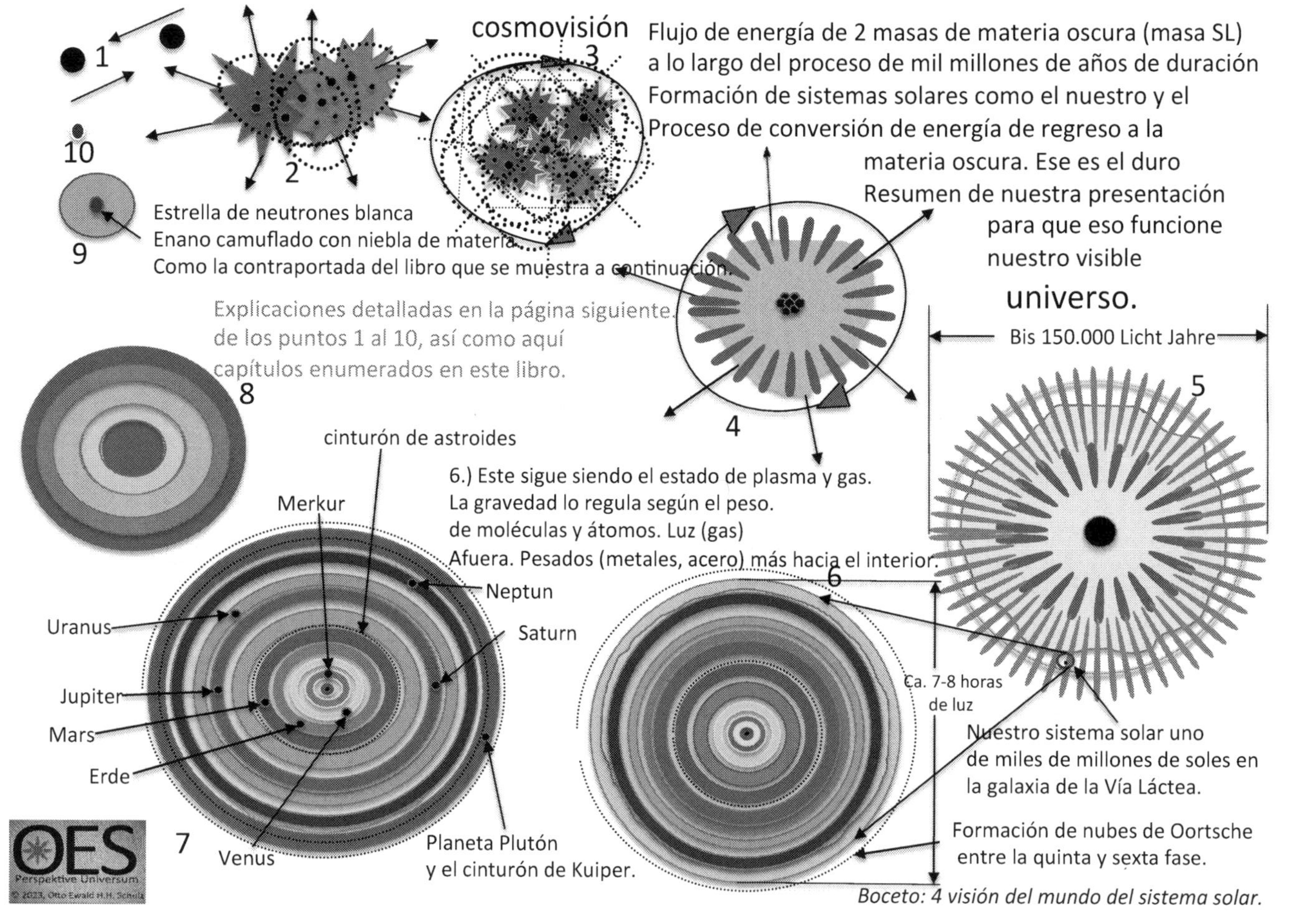

Boceto: 4 visión del mundo del sistema solar

Explicación resumida de un ciclo energético de más de billones de galaxias en nuestro universo visible.

1.) Comienza completamente en la oscuridad. Dos masas SL se orientan y se identifican entre sí gracias a su gravedad. En Entonces no habrá vuelta atrás en este rumbo y la futura detonación liberará una energía que no podemos imaginar. su curso. Las masas SL de diferentes tamaños siempre se juntan, lo que genera diferencias complejas.

2.) Dependiendo del tamaño la detonación puede durar hasta millones de años, hay que considerar esto con tamaños de hasta 5 meses luz El diámetro de las masas SL imagina que durante este tiempo no es posible otra cosa que una reproducción en cámara lenta. La velocidad La velocidad, el tamaño, la distribución de la energía, la fricción con el desarrollo de calor, todo esto influye en el impacto en esta gran ventana de tiempo.

3.) A velocidades de > 2-3 millones de km/h y a una distancia del final de una galaxia, un radio mide hasta 400.000 luces Años. Entonces podrás calcular cuánto dura dicha explosión. Aquí es donde los soles descontrolados juegan en todos Las direcciones se separan y con la gravedad de los soles y los neutrinos como anti-gravedad, incluida otra vez. El campo gravitacional de la masa SL forma una galaxia con sus brazos espirales posteriores. Este proceso para nosotros es a través de la niebla de materia. lamentablemente no es visible. En los capítulos se explica todo lo que sucede actualmente en el interior de la galaxia, que se calienta a miles de millones de grados Celsius.

4.) En este estado, después de unos 4-5 mil millones de años, aparece lentamente una forma y se puede ver lo que se supone que es.

5.) Ahora la galaxia ya está claramente situada con sus soles en una especie de disco alrededor de la masa SL. Nuestro sol tiene Afortunadamente, sobrevivieron bien al curso de la evolución y en el pasado formaron sus nubes de moléculas de plasma y gas.

6.) Según las leyes físicas de conservación de la energía, así es como la gravedad provoca la formación de plasma. Imagínese el sol sobre su masa circundante. Los elementos más pesados están orientados más cerca del sol y los gases más lejos. Formación de planetas, en el medio se encuentra el típico cinturón de astroides, que luego no se convierte en tal debido a elementos incompatibles. Se acerca la formación planetaria. Como ejemplo: tomemos el agua H^2O y el gas propano C^3H^8 se repelen, y por supuesto muchos más.

7.) En esta fase todos los planetas con sus lunas y todos los meteoritos y astroides, incluido el Cinturón de Kuiper y el Se formó la nube de Oort. El sol hizo bien su trabajo y creó vida en la Tierra. En ese tiempo, La nube de Oort fue expulsada como protectora por un impulso que estaba relativamente cerca del sistema solar pero relativamente lejos del sistema solar.

8.) La vida hace mucho que terminó, la energía del sol se ha evaporado y todo se dispone a reunirse nuevamente en la masa SL, Para ello, el sol necesita su energía naciente para destruir su laborioso trabajo de creación. eso debe ser verdad incluirse en una constante de galaxia debido a su eficiencia para un procesamiento más rápido. Entonces los neutrinos no existen. más, para que esta pequeña enana en ciernes dentro de su nube pueda ganar masa de otras gigantes rojas.

9.) El sol se convirtió entonces en una enana blanca, que se vestía como tal para hacer sus travesuras. conducir. Él también es responsable de eso. Porque todo en una galaxia tiene su significado, nada se acaba, todo tiene su significado.

10.) Aquí he elegido una pequeña estrella de neutrones como fin de nuestro sol. También hay otras opciones como la materia regresa de la sustancia atómica a la masa SL. No importa cómo lo tomes, al final de tal galaxia En este proceso, lo que antes ocupaba el lugar de una galaxia vuelve a quedar en el vacío total. Con la masa absorbida Según mis estimaciones, de las 2 masas SL del No. 1, quedan alrededor del 60-70% para la formación de una nueva cuando se reinicie. Masa SL a la izquierda. El otro 30-40% se distribuyó de manera desigual en el espacio en todas direcciones.

OES
Perspektive Universum

Boceto: 5 forma escrita.

Boceto: 5 forma escrita

15.) Formación del sistema solar.

Como sabemos ahora, el Sol está hecho de la misma materia que la masa SL: ¿fue comprimido allí por la gravedad y fragmentado, aplastado o tal vez salpicado en un estado viscoso como el futuro sol como resultado del choque? En cualquier caso, requiere su propio estado agregado (que aún no conocemos), que sólo conduce al inicio de la energía primaria absoluta del Sol a través de la alta gravedad. Sólo a través de esta compresión, es decir, la disolución (o compresión) de las capas atómicas, se acumula billones de veces la energía de enlace que había en las capas atómicas. Imagínese cuánta energía se necesitaría para comprimir un bloque de acero de titanio que mide entre 1.000 m^3 y 1 mm^3. Esta energía, que se acumuló en la masa SL por su propia gravedad, luego es arrancada por el choque con un trozo de escombros y se activa como nuestro sol. La primera liberación de energía se producirá mediante la liberación de la gravedad masiva SL y las altas temperaturas ambientales para iniciar los procesos de fusión nuclear en el Sol. La alta temperatura ambiente y la falta de una gravedad muy alta de la masa SL conducen inevitablemente a una retroalimentación de las energías de enlace A1 a N1 y N1 a Q1. Este proceso debe ser muy complejo, como nos lo muestran en detalle las huellas de energía. A estas altas temperaturas, todos los elementos de la tabla periódica se forman durante los próximos 1.000 a 6.000 millones de años y permanecen atrapados en estado de plasma gaseoso en la campana caliente alrededor del sol. Hasta que las altas temperaturas fuera de lo que entonces era la Nube de Oort se enfríen lentamente. Esta campana (nube de Oort), que se expande lentamente debido al viento solar, inicialmente está cautiva por una temperatura un millón de veces más alta y, después de varios miles de millones de años, poco a poco se va formando en la zona exterior de condensación hasta convertirse en la nube de Oort. Esta área de condensación es comparable a sacar una botella del refrigerador y luego observar la condensación de agua en la botella. En el interior, como en el círculo interior del Sol, hace frío y donde se produce la interfaz de condensación según las leyes térmicas (presión y temperatura) (punto de rocío), se forma la nube de Oort. Toda la materia de nuestro sistema solar está o estuvo en la burbuja de gas alrededor del sol, que se extiende hasta la heliosfera actual. El ambiente mucho más cálido lo mantiene allí durante entre 1.000 y 8.000 millones de años. La emisión de neutrinos comienza al mismo tiempo que la fusión nuclear del Sol y proporciona un impulso a los soles circundantes, más de lo que la gravedad puede contrarrestar, de modo que los soles permanezcan lo más lejos posible de otros soles. Si este es el caso de todos, difícilmente habrá un choque galáctico interno. Esa es energía oscura. Durante este tiempo, la temperatura fuera de la Nube de Oort se redujo, la presión disminuyó y la Nube de Oort pudo recibir un impulso adicional de velocidad de escape del Sol a través del viento solar. Al mismo tiempo, el sol, como en un huevo, había creado una atmósfera dentro de la nube de Oort a través de su constante fusión nuclear que condujo a la formación de planetas a medida que disminuía la temperatura. Por tanto, hay que ver la nube de Oort como un escudo protector, comparable a una cáscara de huevo. Exactamente cómo se desarrolló el ciclo planetario con la formación de la luna, bueno, estas son especificaciones precisas entre todos los elementos que deben surgir en diferentes estados de agregación con nuestras leyes de dinámica térmica y los materiales. Todo esto está controlado por la gravedad para dirigir cada material a la posición correcta en términos porcentuales. Por eso los planetas gaseosos están más alejados del Sol que los planetas de hierro. Como dije, todo este proceso tomó miles de millones de años. Antes de que nuestra Tierra se convirtiera en Tierra, ya habían pasado 8 mil millones de años desde el Big Bang galáctico de la Vía Láctea.

15.1.) Planetas con formación de lunas.

Debido a la probabilidad y a la simple simplicidad, se forman principalmente átomos simples, con menor frecuencia que en el ejemplo H^3. Los elementos con un número creciente de nucleones continúan disminuyendo en cantidad producida según la curva de nucleidos. Se producen una gran cantidad de desintegraciones beta negativas y positivas, la transición del tritio ^3H y el deuterio ^2H al helio ha impresionado a nuestros investigadores de física nuclear y es vista como una fuente de energía infinita para el futuro, que lamentablemente no funciona. Esto crea los neutrinos que traen una energía muy alta a nuestra Tierra (pero ya en la primera fase de energía vinculante), más de 1.000 veces (estimo) la energía solar que conocemos de 1.367 W/m^2 sobre la estratosfera. Con la energía de los neutrinos, no importa dónde estés, penetra la tierra y está activo las 24 horas del día. Simplemente no podemos usarlos. ¿La energía de neutrinos garantizará el suministro energético de toda la Tierra en el futuro? ¿Es solo cuestión de tiempo? Para obtener más información, visite www.neutrino-energy.com. Eso es lo que dicen algunos investigadores, pero tampoco funciona. Este material es incompatible en nuestra Tierra y en cualquier

mundo atómico. Basta observar el tamaño de los átomos y no habrá más dudas.
Esta nueva energía renovable está todavía en sus inicios y es muchas veces mayor de lo que se puede ver en la radiación de calor y la radiación de luz que utilizamos actualmente. Este paso de convicción será un hito en la realización de la energía del futuro. Al mismo tiempo, esto también significa que la energía primaria del Sol no puede consistir en la fusión de hidrógeno y helio en la base. Soy de la opinión de que los neutrinos no surgen de la fusión del ^{3}H con el He, sino antes en la formación de los nucleones. Porque regulan el suministro controlado para la formación de gluones. Lo que luego resultará probado. ¡Cuidado! Eso es lo que dicen sobre la energía de los neutrinos. Sin embargo, es posible que deba proporcionar un poco más de aclaración aquí. Para realizar esta predicción, sería necesario tener materia que sea incluso aproximadamente similar al núcleo del sol. ¿Notas algo? Desafortunadamente, este material no es compatible en la Tierra y, como ya se mencionó, pesaría billones de toneladas si la cantidad fuera pequeña. Así que es mejor olvidarlo todo, pero es interesante lo que se le ocurre a la gente.
La formación de un sistema solar es un proceso muy complejo, no es imposible que algunos sistemas solares puedan funcionar mejor que el nuestro, pero en mi opinión la gran mayoría de los procesos de formación de un sistema solar no dan lugar a vida como lo hacemos en la Tierra. Aquí la naturaleza ha anclado estos principios de probabilidad con muy escasa explotación en los genes de la familia Quark (o eso me parece), o se debe al tamaño del sol. Aquí en la Tierra existe una sorprendente similitud. Me gustaría decir que en la naturaleza de nuestro planeta los polos, los espermatozoides o las semillas se distribuyen en millones o miles de millones de plantas y seres vivos, pero muy pocos emergen de ellos para reproducirse. Así es aproximadamente como se pueden imaginar los sistemas solares. Tal vez la proporción 1:1.000.000.000 sirva como ejemplo, entonces todavía habría más de 200-300 planetas similares a la Tierra en nuestra galaxia y habría más de billones de galaxias. Con esta consideración, habría alrededor de un billón de Tierras como la nuestra, y sólo en las galaxias que podemos ver hasta 14-15 mil millones de años luz de distancia.
Esto es sólo un impulso para una mayor consideración individual para ustedes, queridos lectores. Es una pena que, debido a la falta de transmisión y conservación de energía, aquí nunca pueda tener lugar una conexión personal con el encuentro entre los sistemas solares.

Entonces, ¿qué sucede en los primeros 200 millones de años después del choque de dos masas SL? Sólo el choque, que puede durar entre 2 y 4 millones de años o más, genera temperaturas de miles de millones debido a la alta fricción y presión sobre la masa SL. La expansión se debe principalmente a la alta temperatura y la presión asociada. Con una velocidad de expansión de al menos 1.500-2.000km/sec. el núcleo interno del accidente se expande. Esta burbuja de gas caliente en expansión está acompañada por billones de fragmentos solares de distintos tamaños en todas direcciones y está distribuida de forma caótica. A partir de este choque se forma una nueva galaxia muy brillante y de forma esférica o elíptica. Con una alta radiación gamma, un alto contenido de ondas de radio y, a veces, con un chorro, este proceso puede detectarse a lo largo de varios millones de años. (Por lo general, se forma una galaxia elíptica). El destello inicial es relativamente astronómicamente corto porque está envuelto por la neblina y la nube de gas y, por lo tanto, queda protegido con relativa rapidez. Después de 100 años, esta nube de neblina ha crecido hasta alcanzar casi 15 billones de kilómetros, pero según los estándares astronómicos sólo es visible en el universo un pequeño punto brillante.
Desde el momento de la desintegración, la fusión nuclear comienza inmediatamente en el sol. Los fragmentos de gran tamaño permanecen como masas SL ahora y más adelante, pero sólo si alcanzan su órbita en su actual viaje del destino. Aquí hay muchos obstáculos y acontecimientos felices que integrar en la formación del brazo en espiral para el éxito posterior. A una velocidad continua de 1.500-2.000 km/sec. Los soles lanzados por primera vez llegarían a una distancia de 50.000 años luz después de unos 5 millones de años o más. Nuestra galaxia ahora tiene aproximadamente este radio; inicialmente, en el momento posterior al accidente, la expansión habría sido de casi 100.000 años luz (radio). Debido a las influencias gravitacionales mutuas y las fuerzas repulsivas de los neutrinos en el anillo exterior, así como en los fragmentos siguientes, durante el largo viaje se producen colisiones que no todas pueden evitarse. Todos los soles posteriores se presentaron con una resistencia a la nube de gas de partículas cada vez más densa con trozos más pequeños del sol volando delante para frenar y cambiar de dirección. Un factor importante en este proceso es el enfriamiento de la burbuja de gas galáctica de alta temperatura mediante la fusión nuclear de los soles. Este proceso de enfriamiento terminó hace unos 6-7-8 mil millones de años. En los primeros 6 mil

millones de años la temperatura estuvo en el rango de miles de millones de grados centígrados. Desde el séptimo mil millones de años (de forma puramente hipotética) predominó la temperatura en la región interior del sistema solar. La temperatura de compensación fue de aproximadamente 10-15 millones de °C entre la burbuja de gas del sistema solar y toda la burbuja de gas de la galaxia. Sin embargo, en los primeros 6-7 mil millones de años, este proceso de enfriamiento fue vital para la formación del planeta: los átomos muy pesados se fusionaron, al igual que el hierro, el oro, el uranio, etc. por otros pequeños fragmentos. En este proceso, que sólo tuvo lugar en el primer tercio de la formación de la galaxia, la alta energía de fricción entre el Sol a más de 2.000.000km/h y el entorno de otra materia que se encontraba en el actual entorno vacío del Sol alcanzó temperaturas de fusión que llevaron a a los elementos pesados. Debido a esta resistencia al impacto, la velocidad se redujo lentamente a lo largo de miles de millones de años. Hoy en día este proceso está completo y ya no cae oro a nuestra Tierra a través de la aurora boreal. Sólo elementos insignificantes que pueden formarse instantáneamente bajo el sol.

Al igual que hoy, los vientos solares con sus átomos y moléculas calientan nuestro entorno en el sistema solar, pero durante este tiempo hubo que enfriar las temperaturas desde miles de millones de °C y más hasta al menos de 5.000 °C para que el plasma y el gas La nube de neblina molecular que fue capturada por La nube de Oort que se ha formado alrededor del sol puede colapsar. Esta nube quedó atrapada por la presión del calor de toda la galaxia. Naturalmente, el proceso de enfriamiento o condensación entre estos dos medios tuvo lugar primero en el borde exterior de esta nube. Por ejemplo, si sacas una botella helada del refrigerador, las gotas de agua en la botella son los trozos de la nube de Oort que se han formado en el límite de condensación. Las huellas actuales resultantes de esto se convirtieron en la nube de Oort durante esta fase de enfriamiento. Porque la nube de Oort, con sus billones o más de trozos de condensación, es una prueba incomparable de este fenómeno. Hoy envuelve todo el sistema solar a una distancia de 1 a 1,5 años luz como una capa protectora esférica. Esto significa que los cometas siempre vendrán a visitarnos. Y estos cometas también pertenecen al sistema solar. Como vemos hoy, sólo entre 200 y 300 mil millones de soles alcanzan esta etapa de desarrollo, correspondiente a una galaxia como la nuestra. La probabilidad de

perder las masas solar y SL que han explotado fuera de la galaxia es aproximadamente el 5% de la masa total de las dos masas SL iniciales. El casi 95% restante de ambas masas SL se ha extraído y repuesto la masa SL, porque sin masa SL ninguna galaxia funciona. Ella es el dominio de todo en una galaxia. Quizás alrededor del 1% o menos de ellos lo hayan logrado y formarán una galaxia con brazo espiral en unos 10 mil millones de años. En esta descripción, la galaxia ha crecido en consecuencia menos las pérdidas de aproximadamente el 5%. Esta fase de crecimiento puede durar hasta que en algún momento se produzca una colisión, dando lugar a cúmulos de galaxias (como los que ya hemos observado a otras distancias). Estas galaxias son entonces 10 veces más grandes que las de nuestra Vía Láctea. Lógicamente, en este caos de interacción teórica son posibles las constelaciones más imposibles.
Nuestro sol sobrevivió bien a su fatídico viaje; se puede decir que todos los soles que existen hoy en día han buscado y encontrado una órbita. Pero no todos salieron tan ilesos como nuestro sol, de lo contrario no existiríamos.
¿Cuál es el estado de la galaxia ahora, pero después de los mil millones de años?
Después del choque del año 50 al 100 millones, la masa SL retrocedió rápidamente a una masa SL compacta, porque sin esta fuerte gravedad la galaxia no funciona. Este es el motor para formar una galaxia con brazo espiral a partir de una pequeña nube primordial elíptica y caliente. (Cartwheel Galaxy) La acreditación es extremadamente alta en los mil millones de años porque se recolecta mucha "basura". Los procesos de limpieza de galaxias están en pleno apogeo para convertirse rápidamente en una galaxia espiral. Dependiendo del tamaño, esto lleva varios miles de millones de años. Todos los soles que volaron por encima y por debajo de la posterior formación del disco fueron rápidamente capturados por el campo gravitacional extremadamente fuerte en los "polos sur y norte" de la masa SL. Estos soles se acercaron demasiado a los campos magnéticos de entrada y salida de la masa SL y fueron acretados. Pero estos soles aprovechados provocaron que los soles actuales redujeran su velocidad de la que antes era muy alta a los actuales 800.000km/h. Una razón más por la que no se produjo una mayor disminución de la velocidad de rotación en las galaxias exteriores. (ver energía oscura) En el proceso de desaceleración de los soles actuales por la materia ubicada en las galaxias, fueron los gases de alta densidad provenientes de los procesos de fusión nuclear de billones de soles y pequeñas partes los que se disolvieron y separaron en un tiempo

astronómico muy corto. Además, hay colisiones con fuerzas de atracción y fuerzas de repulsión que garantizan que después de tanto tiempo alrededor de la masa SL, la gravedad pueda moldear la mayor parte de ella en la tendencia de la nebulosa espiral durante varios miles de millones de años. Esta influencia sólo proviene del campo magnético de la masa SL, que interactúa con la gravedad del sol. Eso sí, siempre con los neutrinos con nosotros, de manera que se crea una estructura en espiral entre fuerzas de color beige y dependiendo del tamaño del sol. Aquí hay una diferencia con la transferencia gravitacional del Sol a sus planetas. En este caso existe el efecto dinamo. Con la masa SL para la gravedad del Sol no es necesario ningún efecto dinamo, éste sólo interactúa con la masa pesada del núcleo del Sol procedente de la masa SL. Por este motivo, las velocidades no son comparables a las del sistema solar. Hay suficientes falacias aquí que están dando mucho que pensar a nuestros cosmólogos.
Las altas temperaturas de más de mil millones de °C fueron enfriadas relativamente rápidamente a más de millones de °C gracias a los numerosos soles. Suena extraño, pero los soles funcionaron como pequeños dispositivos de aire acondicionado durante esa ventana de tiempo. Debido a que producen temperaturas de pocos millones, esto es frío en comparación con temperaturas de miles de millones. Porque la temperatura interna de la galaxia proviene del choque entre las dos masas de SL debido a la fricción. Con esta masa desconocida, no es descabellado pensar así. Lógicamente, de esto se puede derivar un sistema solar tal como lo conocemos. Esta es mi idea y puede entenderse según la ley de conservación de la energía. ¿Quizás ustedes, queridos lectores, tengan una idea aún mejor?
En los segundos mil millones de años, este proceso continúa disminuyendo lentamente a más de millones de °C. Durante este tiempo, todos los elementos pesados importantes que conocemos por la curva de nucleidos se fusionaron y se encontraban en una neblina atómica con un diámetro de aproximadamente 8-10 horas luz. (Aquí el sol en el medio) La producción de elementos pesados requirió temperaturas más altas que las generadas internamente por el sol, esto se logró mediante el impacto permanente de alta materia sobre el sol, al igual que la temperatura inicial después del accidente. En este caos inicial, todo fue influenciado por todo para crear un sistema solar para soles tal como los conocemos. Esta materia dio origen al mundo atómico y llovió sobre el Sol a través de las densas nubes de gas de la cubierta protectora del viento solar, con lo que luego perdió lentamente velocidad, pero alcanzó una temperatura más alta para fusionar hasta el final los elementos pesados. Lógicamente, estos elementos pesados

permanecieron en la región gravitacional del Sol para formar el sistema solar. En la zona entre Mercurio y Marte se encuentran los elementos más pesados y más lejos en los planetas gaseosos, desde el cinturón de asteroides en adelante, los elementos más ligeros. Este juego de elementos debe aceptarse con el estado agregado y muchas otras variantes según el marco de nuestras leyes físicas, ya que estamos en el mundo atómico.

En cuanto al proceso de formación de la nube de Oort y su ubicación actual, el proceso de enfriamiento de la galaxia interior hasta el ritmo de expansión de la heliosfera es responsable de un impulso sobre los trozos de la nube de Oort. Hoy en día, estos trozos se encuentran a una distancia de aproximadamente 1-1,5 años luz del Sol. Cuando comenzó la condensación para formar esta materia, estos trozos recibieron un impulso de expansión de aproximadamente 100-150 metros/h. Este impulso se disipó en el momento en que se liberó la presión de la alta temperatura sobre la bola de gas atómico solar. Han pasado entre 12 y 14 mil millones de años hasta hoy y los trozos se encuentran a una distancia de alrededor de 11 a 13 billones de kilómetros. Dado que estos trozos todavía siguen la velocidad de nuestro Sol hoy en día, debieron haber estado más cerca del Sol en algún momento. En realidad, esto es una prueba; de lo contrario, ¿cómo llegan allí? Por sí solos, estos trozos no alcanzan una velocidad de 800.000km/h alrededor del Sol, ni siquiera después de más de 60 órbitas en la Vía Láctea. Ésta es otra prueba lógica de la existencia del Sol a partir de la masa SL.

Quizás en el año 3.000 millones se produjeron las segundas condensaciones en el borde de la campana de gas del átomo solar que dio lugar al cinturón de Kuiper. (El Cinturón de Kuiper debe verse como la zona fronteriza entre la Nube de Oort y el Cinturón de Kuiper; aquí la Nube de Oort se separó y el Cinturón de Kuiper permaneció porque estaba en el fuerte campo gravitacional del sol).

Porque allí las temperaturas con la presión correspondiente son en algún momento óptimas para ello. Con la expansión y la caída de temperatura desde el exterior hacia el interior, la materia del cinturón de Kuiper fue utilizando componentes para formar estos trozos, en esta zona también surgieron los primeros planetas, Plutón, Eris, etc. Otra versión sería que existen restos del impulso de la nube de Oort y la gravedad del sol la mantuvieron en su lugar mediante su movimiento del efecto dinamo. Lo más probable es que este fuera el límite de la gravedad solar. Con la gravedad que tiene Plutón, la debilidad de la gravedad comienza aquí en el Cinturón de Kuiper para empujar todos los trozos de la Nube de Oort que están presentes hoy en día hacia la órbita del Sol. Esta materia, que entonces

se movía a la misma velocidad que el sol en el sentido de las agujas del reloj, pudo despedirse lentamente de la nube de Oort gracias al impulso de la velocidad de escape.
El cinturón de Kuiper estuvo sujeto a condiciones similares a las de la Nube de Oort, que se formó a partir del correspondiente estado agregado. No es necesario entrar en detalles aquí.
Con un ejemplo a escala de nuestra galaxia de 100.000 años luz: 1.000 km, nuestro sistema solar corresponde hoy a un pequeño garbanzo de 15 mm de diámetro. En el momento de la formación del sistema solar, posiblemente entre 12 y 13 mm o incluso menos. Esto significa que la heliosfera o el lugar donde se formó la nube de Oort estaba como máximo a sólo 6-8 horas luz de distancia. En este ejemplo, nuestra Tierra estaría a sólo 0,157 mm de distancia del sol en el centro del garbanzo. En este ejemplo se entiende claramente que nuestro sistema solar sólo puede haber sido creado por el sol, con todos los planetas y más de 180 lunas, así como billones de asteroides hasta la nube de Oort. Este ejemplo es completamente suficiente para proporcionar evidencia.
Este proceso de formación de planetas será prácticamente idéntico para todos los soles de las galaxias, pero sólo si el sol ha sobrevivido los primeros mil millones de años sin sufrir daños. Las condiciones son las mismas excepto por pequeños detalles (tamaños de los soles, efectos de interferencia de otros soles, etc.) y siempre conducen a la formación de planetas. El sol o las leyes de la física no tienen otra opción. Esto se puede llamar constante sol-planeta.
Si este proceso lo llevan a cabo todos los soles existentes durante 7-9 mil millones de años, en algún momento la trayectoria de vuelo alrededor de la masa SL quedará casi libre para muchos soles. Hoy en día sólo se encuentra la siguiente estrella a una distancia de aproximadamente 43 metros en la escala del ejemplo español. (Alfa Centauri) Los soles que no alcanzaron este espacio tampoco tienen planetas similares a la Tierra donde se puedan hacer tales afirmaciones. Durante este período de aproximadamente más de 60 órbitas no destructivas, el Sol creó en tal proceso el material para los planetas actuales.
Las condiciones marco obligatorias para la formación de planetas con sus lunas son la gravedad y el estado físico de la materia en una estructura simétrica de distribución de energía. Sin la llamada madre gravitacional (en este caso el Sol), no se puede formar ningún planeta. Otra consideración es que todavía no se ha detectado ningún planeta fuera del campo gravitacional del sol. Esto solidifica aún más mi teoría. De lo contrario, tendrían que

haber muchos planetas zumbando para que al menos algo suene positivo para la visión actual del mundo, pero lamentablemente no es así. Otra prueba.

En aquella época, en el interior del lugar donde hoy se mueven nuestros planetas, solo había nubes moleculares atómicas calientes o plasma, que aún no permitían que la materia se uniera debido al estado agregado demasiado caliente. Porque la retroalimentación del hierro sólido pasa del plasma expansivo al gas y luego al líquido, mientras que hoy en día todavía existe acero líquido con muchos otros elementos en las capas profundas de la tierra.

Entonces puedes imaginar exactamente los estados agregados de los que están hechos los planetas hoy. En el exterior se encuentra la zona de los planetas gaseosos, que también contienen átomos pesados en una proporción correspondientemente menor en el núcleo, porque en este gas siempre hay remolinos o, como en nosotros, el clima, que, por ejemplo, nos proporciona una comprensión de estos fenómenos.

Este proceso podría realizarse del día 7 al 8. Han ocurrido miles de millones de años. Dado que los soles están formados por masa SL, la forma de disco de la materia atómica comenzó mucho antes de que se formara un planeta, al igual que los anillos de Saturno actuales. Esto ocurrió en paralelo con la fase de enfriamiento. La alta fuerza gravitacional del sol dirige el gas atómico y la nube molecular hacia la posición correcta del tornillo de la lente para iniciar la formación de planetas a la temperatura adecuada. Esto siempre se basa en la temperatura y la gravedad. Sólo entonces aparecieron los primeros signos de formación de planetas, dependiendo del estado de agregación de los elementos individuales. Estos procesos tardan millones de años, son increíblemente lentos pero seguros. Si el Sol se hubiera formado a partir de hidrógeno altamente expansivo, como todavía hoy se supone, todos los elementos pesados ya se habrían condensado según la ley de conservación de la energía y el Sol aún no se habría formado. Así que básicamente hay que decir adiós a esta teoría de la formación del sol. Creo que ahora lo entiendes, pero si no, el libro aún no ha terminado. Si además se tienen en cuenta las velocidades del complejo sistema solar entre todos los planetas y sus lunas, no hace falta hablar más de ello.

Ahora, a partir del quinto mil millones de años, el espacio galáctico se vuelve lentamente transparente y se pueden ver estrellas en nubes de gas, lo que lleva a la conclusión de que los soles se crearon a partir de estas nubes; este conocimiento conduce a una falacia adicional y no puede suceder según las condiciones físicas. leyes. No sólo la extrema proximidad a los planetas coincide con mi teoría, sino que también está clara la velocidad del compacto sistema solar. Por supuesto, con tantos movimientos siempre surgen situaciones extraordinarias que conducen a constelaciones imaginativas de una amplia variedad de fenómenos. A esto también contribuye el material de la masa SL, que se comprimió de manera diferente a la masa total, porque puede ser que un sol se haya desprendido de su capa exterior (con una densidad promedio de 10^{15} kg/cm^3) o un trozo de materia de el interior profundo (con una densidad promedio de 10^{18}Kg/cm^3 o más). Este sería entonces el estado del Q1. Esto es sólo para despertar y satisfacer la comprensión. Para pensar en un ejemplo de vez en cuando, de repente no se puede descartar por completo un poco más de densidad. Quizás esto también se deba a la diferente intensidad de la radiación solar: cuanto más densa es la masa SL, más brillante es el sol. Al igual que ocurre con la madera en la Tierra, durante la fotosíntesis se producen diferentes compresiones según el tipo de madera. Por eso la madera se vuelve dura o blanda debido a la compresión de la síntesis. Todavía quedan algunos obstáculos por superar en la investigación y creo que mi iniciativa está marcando la diferencia.

En el sexto y séptimo mil millones de años, el Sol transfirió su velocidad de más de 800.000km/h con la formación de planetas, su rotación y la transferencia del momento angular de estas fuerzas a la nube de gas y la formación de los planetas. (ver rotación y momento angular de los planetas) Nunca debemos olvidar las lunas de todos los planetas, aquí no hubo colisiones. Entonces todo se desarrolló según la perfección, el modelo de la naturaleza o la constante del sistema solar. Más de 180 lunas no pueden formarse mediante colisiones. Eso sería pura tontería. Los planetas con formaciones lunares se desarrollan sincrónicamente según el principio de probabilidad. También es típico su formación el cinturón de asteroides entre Marte y Júpiter: entre demasiado gas y otros elementos pesados, como en los 4 planetas interiores, no se pudo formar un planeta debido a procesos de condensación quizás demasiado rápidos debido a una alta proporción de gas; Aquí no se daban las condiciones adecuadas para el proceso de un estado agregado necesario. Aquí había una zona gris de decisión. Porque muchos gases se repelen entre sí en lugar de combinarse. ¿Quizás haya otra teoría? ¿Qué quieres decir?

Finalmente, en el octavo mil millones de años, la Tierra y la Luna se formaron a partir de hierro líquido. Hervía y poco a poco se formaba escoria, como hoy cuando un volcán entra en erupción. La luna está hecha del mismo material y se formó al mismo tiempo que la tierra. Debido a su menor masa y a la falta de protección de la atmósfera, lamentablemente hoy ya se ha enfriado. Los otros planetas conocidos hoy también se formaron y comenzaron su evolución hasta hoy. En algún momento durante este tiempo, ahora podremos determinar la edad de nuestra Tierra mediante la desintegración de isótopos. Durante este tiempo, el magma líquido se solidificó y se pudo demostrar que se formó la Tierra. Estuvo en la incubadora durante más de 8 mil millones de años y luego nació mediante enfriamiento. Desarrollado por el sol y luego nacido, ha sido trasplantado a todas las áreas de la vida como una estructura genética en la tierra. Si asumo filosóficamente que la familia de Quark todavía puede dar a los últimos miembros de la familia libertad de identidad. Siento que hay algo más ahí. Tenemos que esperar y ver si los neutrinos nos traerán un paraíso en la Tierra para que finalmente se pueda derrotar el cambio climático en el futuro y los niveles de CO_2 comiencen a disminuir lentamente. Según mis conocimientos actuales, pasarán alrededor de 180 años o incluso más hasta que toda la energía primaria para todas las personas se convierta en energía renovable, y luego la misma cantidad de tiempo a un alto nivel con energía renovable para reemplazar el CO_2 que emitimos del aire. y del agua de mar para recuperar una atmósfera saludable y favorecer la desacidificación de los mares. Para ello necesitamos más energía de la que se liberaba hace años, porque allí tampoco existe una máquina de movimiento perpetuo. Porque no hay otro planeta que nuestra Tierra para vivir. Y mucho menos poder viajar a otro. Antes de volar a Marte o a la Luna, primero debes limpiar la Tierra. Por ello debemos cuidar nuestra tierra y no ser tan descuidados con ella.

16.) Rotación y momento angular de los planetas.

Desde el momento en que se desprendió de la masa SL, es decir, cuando el sol fue expulsado por el choque de las dos masas SL, el sol también adquirió un momento angular, que, por supuesto, estuvo influenciado por diferentes dimensiones durante el largo viaje hasta alcanzar el vuelo sin daños. pero nunca llegó a paralizarse por completo. ¿Por qué? Siempre existe una probabilidad de 1:1 mil millones de que se desarrolle un sistema solar como el nuestro.

Desde el principio, cuando no había nada alrededor del núcleo del sol, éste quedó envuelto y atrapado en un ambiente excesivamente caliente, pero poco a poco expandió su creciente nube de gas de viento solar con sus elementos atómicos. También se puede decir que todavía no se ha vestido y,

por tanto, todavía estaba sin ropa, que es como interpretamos las diferentes capas alrededor del sol. Se expandió porque su presión aumentó en comparación con la presión del ambiente más caliente. Así pudo desarrollarse como si estuviera dentro de una capa protectora. Se puede comparar con el crecimiento de un óvulo humano hasta convertirse en un feto. Los primeros 5 meses son los primeros 5 mil millones de años y la capa protectora caliente que son los trozos actuales de la Nube de Oort sería el útero.
Esta capa de nubes de gas y materia, que se forma a lo largo de miles de millones de años, tiene desde el principio el mismo momento angular. Que luego básicamente crece con el tiempo y gira en consecuencia con la rotación del sol. Sin embargo, a medida que aumenta la distancia, las capas externas pierden velocidad porque a medida que la fuerza gravitacional disminuye debido al aumento de la distancia, no es necesario mantener la velocidad alta. Este fenómeno de velocidad orbital debe calcularse en relación con la masa y la densidad de la masa. Esto muestra exactamente cómo todos los planetas se han adaptado a esta ley de gravedad. (Esto es sólo un rápido recordatorio sobre la velocidad orbital de los soles alrededor del SL) Aquí es donde está enterrada la falacia de la energía oscura, que nuestra ciencia aún no ha descubierto.

La calibración exacta aumenta con el aumento de la masa según el principio gravitacional, siendo la razón las leyes de Newton. En la formación de planetas también se deben tener en cuenta las influencias sobre la densidad de la materia para la desaceleración mediante calibración. Como Venus gira en sentido anti-horario, la dirección de rotación sigue siendo la misma. Aquí, todo lo posible podría haber resultado de las condiciones climáticas del sistema solar en el vórtice que se formó. La probabilidad de tantos procesos complejos estimula la imaginación para cumplir el plan de viabilidad, pase lo que pase, hay soles suficientes para llevarlo a cabo. Estas perturbaciones también pueden ser la causa de la inclinación axial de Urano. Con esta gigantesca mezcla de caos y clima teórico, hay que verlo como si aquí en nuestro planeta el aleteo de un halcón en Marruecos condujera a un huracán en el Caribe.

17.) Gravedad, o más bien magnetismo electro-gravedad.

Para mí, la interacción más importante en la formación de un sistema solar de este tipo es la velocidad a la que se ha adaptado el cuerpo solar. Aquí reside el secreto de la gravedad en general. El Sol está rodeado de líneas de campo electromagnético desde su núcleo, que interfieren con las líneas de masa SL, pero al mismo tiempo estas ondas atraviesan los cuerpos de masa de los planetas. Al cruzar las líneas de campo, se anula la neutralidad y la atracción ocurre por la gravedad en el planeta. Aquí hay una lógica: cuanto más masa y más densa es la masa, más corresponde a la intersección de las líneas de campo y, por tanto, a la creación de atracción sobre un cuerpo, que luego se mide en Tesla. Aquí, la cantidad de electrones en un planeta conduce automáticamente a la gravedad de ese planeta en relación con la velocidad orbital. Esto también corresponde a la inseparabilidad entre las dos fuerzas fundamentales del electromagnetismo y la gravedad. Estas dos fuerzas no pueden verse por separado. Hay que verlo como una naranja. La mitad superior y la mitad inferior han crecido juntas y no se pueden ver por separado. Aquí hay un error de interpretación humana. Por supuesto, la gravedad, la gravitación y el electromagnetismo pueden usarse de manera diferente en el lenguaje cotidiano, pero el origen es el electromagnetismo. Por eso nuestro peso corporal en la Luna es mucho menor que en la Tierra. Aquí la Luna tiene la misma velocidad que la Tierra, pero menos masa y el núcleo, fabricado en acero proporcional, también es más pequeño, de ahí su menor gravedad. Entonces es el mismo proceso de cálculo para todos los planetas. La mentira piadosa del Sr. Albert Einstein sobre su curvatura del espacio-tiempo ha sido completamente descartada por la teoría cuántica. Dado que la gravedad sólo puede verse inicialmente como materia oscura de la masa SL, la gravedad sólo existe a través del electromagnetismo. Dado que no existe gravitón y no existirá ni se encontrará en el futuro, el efecto de la gravedad sólo puede provenir de esto. Las ondas gravitacionales tienen alcances de más de un millón de años luz, ¿cómo funcionaría con un gravitón? En este momento de existencia de la materia oscura, no hay liberación de energía por parte de ninguna otra especie que exista en las partículas elementales.

La lenta acumulación de masa creciente (donde todavía no hay ningún planeta que pueda causar la curvatura del espacio-tiempo, la gravedad ya está allí, de hecho tiene que estar allí), ¿de qué otra manera se supone que interactúa sin electromagnetismo? ¿Cómo se puede aquí acomodar una curvatura espacio-temporal del Sr. Einstein, al igual que los anillos de los planetas gaseosos? Es igualmente absurdo pensar en una curvatura espacio-temporal, antes de que ocurriera la condensación o el colapso, esta materia ya estaba presente en los gases. forma, y eso por gravedad. Si observas limaduras de hierro muy finas y las colocas alrededor de un imán, tienes la prueba. El impulso fuera de la gravedad del Sol debido a la presión del gas del viento solar que condujo a la formación de la Nube de Oort es tan fascinante que en este punto se puede ver la línea divisoria entre la gravedad y la formación del disco. No puedo imaginar un sistema solar formándose de otra manera. Todas las teorías que circulan actualmente sobre la formación del sol y de los planetas no son comprensibles ni tienen pie ni base. Pertenece a la caja de ilusiones que se encuentra en la cámara de ciencia ficción.

Hace poco escuché en un documental: Júpiter pasó de la órbita interior a la órbita exterior en la que se encuentra actualmente, decir algo así roza lo criminal. ¿Sabes qué tipo de energía se necesita para tal implementación? Sería lo mismo si dijera que la Tierra redujo su velocidad de 100.000km/h a 50.000km/h mientras se alejaba hacia la órbita de Marte. Con un ejemplo así se puede ver exactamente cómo el sol, con su gravedad y sus elementos, guió todo a la posición correcta desde el principio.

El universo de la perspectiva de la fórmula revela la cosmovisión del universo visible.

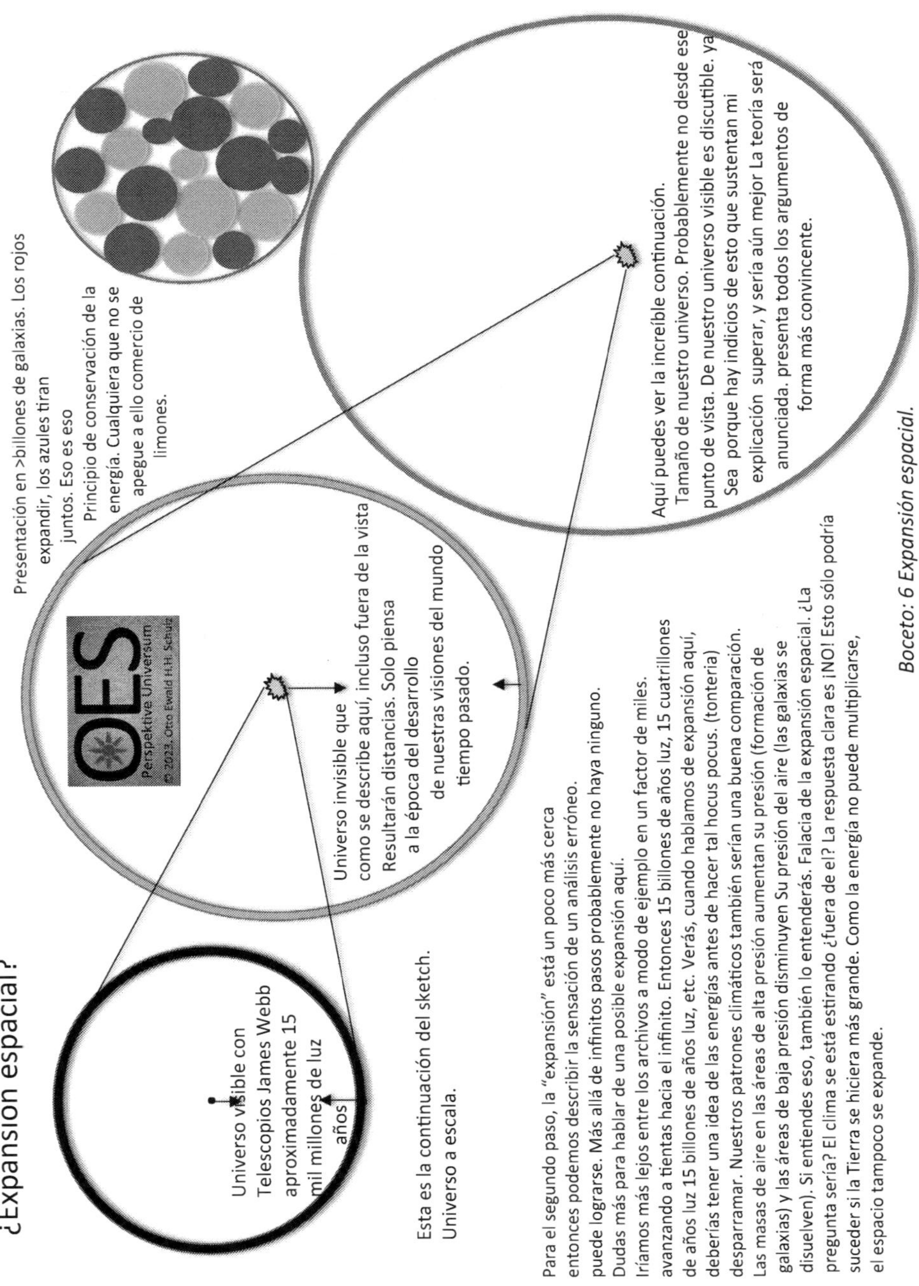

Boceto: 6 Expansión espacial.

Boceto: 6 Expansión espacial

18.) Desarrollo de energía primaria en el sol.

La materia desconocida para nosotros en el núcleo del Sol está comprimida. Esto sucedió entre la multitud de SL. No hay otra explicación posible para esto. ¿De dónde más provendría la energía que se libera en el sol durante miles de millones de años? Sólo de las energías vinculantes de la gravedad, tal como ocurre de diversas maneras en la Tierra, sólo que con una concentración un billón de veces mayor.
Las capas atómicas ya no son como eran y como las conocemos. Como resultado de la compresión, todos los electrones se separan de los protones y neutrones, todos los electrones se liberan y se desarrolla un electromagnetismo de enormes proporciones. En este momento las 4 fuerzas básicas se unen en un material desconocido. Después del choque de 2 masas SL, los soles son expulsados de la pequeña galaxia Big Bang de masa SL; el proceso de fusión nuclear del material comprimido comienza inmediatamente, sólo por la disolución de la alta gravedad de la masa SL. (La formación de planetas o corona solar con las soluciones energéticas vinculantes comienza aquí en cuanto se desprende un trozo)(La colisión desarrolla una temperatura de más de mil millones de grados °C en los primeros mil millones de años). Se libera del material desconocido, que esencialmente sólo proviene de la familia Quark. Los protones y neutrones se combinan con los electrones para formar capas atómicas con una estructura de diferentes elementos. Esta interacción es más fuerte que cualquier fusión que ocurra después. Este es el punto de la energía primaria del sol. Esta energía que se libera aquí es responsable de las próximas generaciones de la tabla periódica, que crean nuestro sistema solar mediante la fusión nuclear. Sin esta energía no se pueden producir más fusiones nucleares. Debido a la alta compresión, el Sol tiene más de 20 mil millones de años de energía para fusionarse. Dependiendo del tamaño, incluso más.
Aquí es donde comienza el proceso para que un mundo atómico como el nuestro se desarrolle a partir de una familia de quarks comprimida de las 4 fuerzas básicas combinadas.
En el experimento realizado en nuestra Tierra en el reactor de fusión nuclear, estas son las energías que provocan el calentamiento del plasma y luego se fuerza una fusión nuclear de hidrógeno a helio. Esto significa que siempre hay un solo motor de fusión nuclear artificial, pero ningún reactor de fusión nuclear con el que se pueda generar energía. Al final cuando se retire debe ser superior a Q10 o más. Siguen siendo ilusiones que desgraciadamente no funcionan y que en algún momento se entenderán.

El universo de la perspectiva de la fórmula
revela la cosmovisión del universo visible.

Hasta hace unos años, incluso las oficinas de patentes aceptaban proyectos de movimiento perpetuo. Gracias a Dios eso ya se resolvió. Ahora lo único que falta es el reactor de fusión nuclear. Da Vinci también lo intentó y fracasó estrepitosamente debido a su súper inteligencia.

19.) Materia Oscura.

El origen de la energía solar se rastrea o rastrea, ya sea hacia atrás o hacia adelante, en ambos casos debe llegar al mismo punto de "producción de energía". Si no fuera así, el universo se habría convertido en algo oscuro y frío en algún momento, o habría sucedido hace mucho tiempo y habría muerto hace mucho tiempo. ¡Ese no es el caso!
Nuestros telescopios espaciales nos muestran los diferentes ciclos de vida de todas las galaxias. Ya sean cuásares, Blazares, radio-galaxias o galaxias elípticas, éstas se convertirán más tarde en galaxias de brazos espirales; se encuentran sólo en la fase inicial o, como muchas otras, en la fase final. No podemos observarlo porque no vivimos durante millones de años. Rápidamente queda claro que la versión actual de la formación estelar es pura fantasía, incluida la teoría del Big Bang, porque si todo comenzara al mismo tiempo, no habría galaxias diferentes y cuando se formó el sol, todos los soles no serían más grandes que el nuestro, pero en contra evidencia hay millones de soles que son más grandes que el nuestro, ¡no todo cuadra! Las contradicciones se están acumulando y quedan demasiadas preguntas sin respuesta. Debe haber algo mal aquí.
La materia oscura ayuda un poco más con esta diferente argumentación de diferentes posibilidades de origen.
Esto también se analiza en otras secciones de este libro, pero no directamente sobre la materia oscura. La materia oscura es muy fácil de entender, es sencilla porque es una masa SL que está casi totalmente acreditada. Sólo en el último momento (que puede durar millones de años) se observan unos cuantos soles orbitando alrededor de algo que no se puede ver porque es una masa SL. (Tamaño desde quizás 1 día luz de diámetro hasta 1/2 año luz o incluso más) Así como muchas galaxias antiguas se están despidiendo, solo hay masas SL (materia oscura) en el universo. Lo cual ni siquiera puedes ver, simplemente tienen la gravedad de identificarse entre sí y luego encontrarse. Ésta es la única conclusión lógica de los ejemplos de observación. No hay nada más que decir sobre la materia oscura, es muy simple y fácil. Sin embargo, si se insiste en el Big Bang o el Big Bang para

todo el universo y se piensa que todas las galaxias se desarrollaron a partir de una nube primordial caliente, entonces hay que dejar que la gente crea eso. Incluso las estructuras de las galaxias se han desarrollado, ¿podría haberse creado todo en un momento? Estos son rastros de tiempos recientes, en una ventana de tiempo de un billón o más. Siempre es sólo cuestión de tiempo antes de que todos se den cuenta de que nuestra visión actual del mundo necesita ser revisada oficialmente. En mi versión, no quedan preguntas sin respuesta, al menos en lo que respecta a lo que es visible en el cosmos.

20.) Energía Oscura.

El término energía oscura también se basa en un cálculo erróneo del principio funcional de la velocidad de rotación de una galaxia, de forma similar a como en nuestro mundo atómico, donde las leyes de Newton son decisivas, aquí se hizo una copia del sistema solar al sistema galáctico. . El sistema solar está sujeto a las leyes de Newton y también a las ART, excepto el propio Sol. Porque aquí se creó un pequeño mundo atómico. La galaxia está pre-programada para moverse o disolverse (acreditación). Esto no funciona según la ley de Newton. El fundamento del cálculo del error comienza con la teoría del Big Bang, lo que significa que la formación del Sol también está sujeta a un análisis de error científico con el polvo de estrellas y las nubes de gas, por lo que se debe esperar algo bien fundamentado de la astronomía. Estos principios fundamentales se enseñan incorrectamente, en algún momento el cerebro se bloqueará por completo. Se puede ver dónde la cosmología ha terminado sólo en contradicciones. 60-70% de energía oscura, ¡completamente absurdo! Es "visible". Todos vemos galaxias.

Entre el movimiento del sistema solar y el movimiento de las galaxias con sus planetas y soles asociados (también pequeñas masas SL) existen dos desarrollos diferentes debido a los diferentes materiales. Ambos sistemas se han desarrollado de manera fundamentalmente diferente. En primer lugar, el mundo atómico tal como lo conocemos importa, de lo contrario no podríamos vivir en absoluto. (planetas del sistema solar) y por otro lado el mundo de la familia de los nucleones o quarks, que se ubica en los núcleos solares y masas SL, (este es el mundo de la gravedad cuántica con las 4 fuerzas fundamentales como energía simétrica) en el que los La energía de enlace de las capas atómicas se comprime y se almacena en una batería como energía de enlace y a través de ella se liberan todos los electrones, lo que genera un campo magnético increíblemente fuerte, que es la base de la gravedad.

En términos generales, se puede decir que en el sistema solar la masa comprimida del Sol está disminuyendo y las masas de los planetas aumentan, pero predominantemente disminuyen. Los planetas se alejan del Sol varios centímetros cada año, y sólo nuestra Luna se aleja de la Tierra unos 4 cm al año. Esto se debe principalmente a que el Sol pierde una cantidad increíble de masa de su núcleo, lo que resulta en una reducción de la gravedad. Dado que la velocidad orbital no está sujeta a ajuste sincrónico. ¿Quién debería frenar también los planetas? Aunque en el Galaxy CV funciona exactamente al revés. Aquí la masa se acredita en el SL, por lo que la gravedad se vuelve cada vez más fuerte y la masa de los soles y todo lo que los acompaña (excepto las masas de SL en la órbita de una galaxia) están perdiendo masa y volviéndose cada vez más débiles (sin masa). en términos de su gravedad. Por lo tanto, toda la materia de una galaxia regresa lentamente a la masa SL. Todos los átomos de la fusión nuclear solar regresan a SL a través de las estaciones intermedias de los planetas. Existimos en una de estas secuencias de tiempo. Como ya se mencionó en la sección de formación del sistema solar, todos los soles recibieron un impulso, ya que el sol tiene una muerte opuesta a la de la galaxia, que no muere en absoluto, sino que sólo permite que el proceso galáctico comience una y otra vez desde el Al principio, estos aplican velocidades orbitales elevadas que siguen siendo relativamente lentas. Incluso las altas velocidades orbitales internas del Sol no son suficientes para no estar acreditado aquí. A través de los neutrinos, los soles exteriores empujan a los soles interiores hacia la masa SL, como en un remolino.

Esto permite que las galaxias formen maravillosamente brazos espirales debido a la gravedad de la masa SL y al efecto de repulsión causado por los neutrinos del sol. Este es el ciclo de vida de una galaxia y está regido por fuerzas magnéticas. Si no fuera así, después de un cierto tiempo todos los soles habrían consumido su combustible nuclear y el universo sólo estaría formado por masa SL, es decir, estaría vacío, muerto y ya no existirían soles. Si te haces esta pregunta, sabrás que cada galaxia crea su propio ritmo de vida independiente en los sistemas solares.

Interpretación modificada de la energía oscura.

Los soles, que no consiguieron integrarse en nuestra Vía Láctea hasta hace unos 4.000 o 5.000 millones de años, fueron eliminados hace mucho tiempo. Esa fue la mayor proporción de trozos de sol. Sin embargo, siempre hay soles que se mueven en todas las direcciones posibles, lo más probable es que provengan de otras galaxias, no hay otras explicaciones para esto. También se enviaron miles de millones de soles desde nuestra propia galaxia a las galaxias circundantes. Los soles que eran demasiado rápidos fueron expulsados y se ubican con otras galaxias enanas fuera de nuestra Vía Láctea, y los que eran demasiado lentos fueron arrastrados hace mucho tiempo hacia el interior de la masa SL para ser absorbidos relativamente rápido porque no cumplieron con las leyes. de las galaxias constantes y de los otros soles no debería ser fatal. Comparativamente similar al sol, la neblina generada por el viento solar, que es atraída hacia la Tierra a través de la aurora boreal. La formación de brazos espirales muestra cuán fuerte actúa la gravedad de la masa SL sobre la masa solar en órbita, porque muy por encima y por debajo de los brazos espirales, que tienen forma de disco de lente, ningún sol puede formarse durante varios miles de millones de años. en orbita. (Aquí se aplica el ejemplo de la aurora boreal). Las colisiones entre soles no siempre se pueden evitar con tal probabilidad de colisión. Esto conduce a las nebulosas más diversas de la galaxia. Porque este material comprimido de masa SL ciertamente tiene un estado de agregación diferente en diferentes tamaños que la materia de masa atómica que conocemos.

Dado que los soles y la masa SL están compuestos de la misma materia comprimida, en la masa SL existen fuerzas de atracción más fuertes que en el sistema solar. Por eso las velocidades de rotación de los soles más distantes no disminuyen, porque fueron creadas por la colisión, no por moléculas atómicas y la gravedad, como en el sistema solar. Sin embargo, esta no es la razón principal de la velocidad decreciente esperada de los soles exteriores de la galaxia, que los científicos han ideado para luego inventar una energía oscura esperada para resolver el problema de una galaxia que no se expande. Las velocidades continuas en el área exterior de una galaxia se deben más probablemente al impulso inicial en el Big Bang Crash de la galaxia. (Ver formación de galaxias).

Cuando se formó el sistema solar, no hubo ningún impulso en este sentido para los planetas, sino que la nube de mezcla de gases fue formada gradualmente por el Sol durante varios miles de millones de años, que luego se enfrió desde el exterior hacia el interior en diferentes estados físicos correspondientes. distancias planetas y sus lunas. Aquí hay una velocidad en relación a la distancia según la masa. Los cinturones de asteroides y de Kuiper también son típicos debido al gas presente (a partir del cual se formaron principalmente los planetas gaseosos) en el momento de la fase crítica de enfriamiento o condensación. Al igual que los anillos de los planetas gaseosos (muy bonitos en Saturno), en un momento determinado también fueron los diferentes anillos de gas y materia del Sol a partir de los cuales se formaron nuestros planetas. La formación de la nube de Oort, que también forma parte del sistema solar, se formó a partir de rocas de gas de escoria que se formaron en el borde del sistema solar (heliosfera) durante las primeras condensaciones, pero que originalmente emergieron mucho más cerca del sistema solar. que donde se encuentra hoy la nube de Oort. Esto también se puede identificar como una cubierta protectora para el sistema solar y pertenece al sistema solar como protección independiente. De forma exagerada, me gustaría describir la nube de Oort en este momento como una cáscara de huevo redonda, que luego se ha expandido hasta alrededor de 1-1,5 LJ debido a la presión del viento solar y al lento enfriamiento de la temperatura ambiente espacial. (Impulso de presión solar, ver nube de Oort)

Por eso se puede decir con la conciencia tranquila que la energía oscura es pura ficción y no existe. ¿Para qué? ¿Están buscando algo que se supone que existe debido a varios diagnósticos erróneos? No hay ninguna lógica en ello, no se puede imaginar ningún cuerpo celeste ni ningún tipo de influencia invisible sobre la galaxia. En mi teoría no tiene sentido, sólo en la formación científica aceptada del espacio, que está plagada de errores. Me gustaría enumerar algunos de ellos de manera explicativa.

Según la teoría del Big Bang, sólo el gas muy caliente tenía un 99% de hidrógeno. Se trata del gas más expansivo y a temperaturas tan altas que tendrían que haber presiones de varios billones de BAR para que algo colapsara aquí. Suponemos que se ha derrumbado, lo cual es completamente improbable. Al mismo tiempo, este sol inicial, todavía muy pequeño y cada vez más grande, debió alcanzar una velocidad que hoy en día sigue siendo de 800.000km/h. ¿De dónde debería venir esta energía? No puede impulsarse desde una nube de gas. ¿Quién debería ejercer este impulso sobre el incipiente cuerpo solar? ¿De dónde debería venir la energía que lleva al colapso? Sólo hay gas caliente en el espacio para esta creación, todavía no hay gravedad, ¿o sí? ¿De dónde debería venir ella? ¿De la curvatura del espacio-tiempo, donde aún no hay planetas? ¿Ni tampoco la fusión nuclear, porque el sol apenas se está formando (digamos que tiene 10 metros de espesor o menos) y esto está sucediendo en todas partes aproximadamente al mismo tiempo? ¿O ya existen masas SL? ¿Cómo deberían haber ocurrido? Cuanto más grande se vuelve el sol, más energía necesita para alcanzar la velocidad de la órbita de las galaxias, aaah se me olvidaba, este sol se desarrolló más tarde, la masa SL ya existía antes, pero hay el mismo problema de velocidad, la masa SL tiene una velocidad de más de 1 millón de km/h. ¿Cómo se supone que esto debe encajar? O según el lema, de alguna manera funcionó así. Cerremos los ojos y pensemos en las condiciones generales. La ley de conservación de la energía aún no existía aquí en la Tierra en ese momento. Pero en algún momento nuestro Sol alcanzó un tamaño de aproximadamente 1,1 millones de kilómetros de diámetro. Desafortunadamente, no puedo decir de dónde obtuvo su velocidad, me duele la cabeza si tuviera que pensar en algo al respecto. La cosa se pone aún peor cuando pienso en el hecho de que un sistema solar altamente complicado viaja con el Sol a esta velocidad actual. Pero espera, el sol aún no está terminado, ahora está a punto de encenderse para la fusión nuclear. Ahora, poco antes de encenderse, todavía está absorbiendo masa. Lo diré simplemente, pero eso significa que no se pudieron formar planetas, porque el sol ciertamente absorbió todo el material (¿solo había hidrógeno?). Ahora, finalmente, justo antes de que haya crecido hasta alcanzar casi 1,2 millones de kilómetros de diámetro, ¿se está iniciando su fusión nuclear? ¿O después? Lógicamente, sin embargo, todavía no tiene un sistema solar con todos los planetas y lunas, el cinturón de asteroides, el cinturón de Kuiper y la nube de Oort. ¿De dónde se supone que provienen todos estos billones de partes diferentes y se asientan aquí alrededor del sol a 800.000km/h? Sin comentarios, continúa con el tamaño del sol, si se enciende con 1,2 millones de kilómetros de diámetro, ¿por qué millones de soles mucho más grandes sólo se encienden con la 4ª, 10ª o 100ª masa solar? Porque una vez iniciada la fusión nuclear, cada sol pierde millones de toneladas/segundo de masa. Sólo puedo decir una cosa sobre esto; demasiado inteligente también es estúpido.

¿O ustedes, queridos lectores, tienen un entendimiento aquí? Simplemente hay demasiadas contradicciones ilógicas que nunca han oído hablar de la ley de conservación de la energía. ¿Eso se llama astrofísica? Lo siento por mí mismo por decir algo así. La realidad es despiadada y siempre dolorosa.

Así que cualquiera a quien se le ocurra algo así debe haber tenido una increíble cantidad de imaginación. Sobre esta base, surgen todas las cuestiones irresolubles, como la energía oscura, la materia oscura, la formación del sistema solar a partir del polvo de estrellas, los agujeros negros por donde no puede salir la luz. Todas las demás cuestiones irresolubles quedan en un callejón sin salida.

El universo de la perspectiva de la fórmula
revela la cosmovisión del universo visible.

Aquí hay otra versión con una estructura similar para comprender bien la energía oscura.
La energía oscura existe, pero no debería llamarse así. No es más que la emisión de neutrinos procedente de la desintegración beta del sol. Si este fenómeno no existiera, una galaxia no podría formarse de la manera que podemos observar en los miles de millones que hay en el universo. Asimismo, esta emisión de neutrinos es también el polo opuesto y, por tanto, puede considerarse una fuerza anti-gravitacional. Sin embargo, inteligentemente según el universo la naturaleza sólo existe en el caso de galaxias en funcionamiento. Así que hay una razón por la que tienes que pensar lógicamente, como lo estoy describiendo ahora aquí. ¿Qué hay exactamente detrás de esto y cómo se puede definir el secreto de esta energía oscura? Sabemos que las fuerzas gravitacionales atraen la materia (soles, planetas y materia oscura) a través de la cual interactúa la gravedad. Sin embargo, este fenómeno de energía oscura afecta principalmente a los soles, por lo que pueden llevar a cabo su vida sin daños durante mucho tiempo (muchas revoluciones en la galaxia). Si esta anti-gravedad no estuviera presente a través de los neutrinos, los soles se atraerían entre sí y la vida nunca llegaría a un sistema solar. Este proceso conduciría automáticamente a la autodestrucción. Un ejemplo lo aclara aún más: imaginamos varios soles en órbita uno al lado del otro alrededor del centro de la galaxia. Todos tienen velocidades ligeramente diferentes con poca diferencia de distancia entre sí. Después de 2-4 órbitas a más tardar (500-1.000 millones de años), estos soles se habrían conectado entre sí. Sin embargo, gracias a los neutrinos, se repelen entre sí, mantienen la distancia y se adaptan a la distancia adecuada de las fuerzas gravitacionales y de la contrafuerza de los neutrinos. Esto significa: si la estrella 1 está a 4 años luz de la estrella 2 y la estrella 3 está a 6 años luz de la estrella 2 (las 3 están una al lado de la otra en una fila), entonces la estrella 2 está a una distancia de 5 años luz cada una. a 1 y la estrella 2 a 3 también se encuentra a una distancia de 5 hora luz. Esto empuja a estrelle 2 a una distancia ideal. Esto demuestra que se ha formado un sistema de control que desconcierta a nuestra ciencia. Estas mediciones resultan entonces en el cálculo de que el universo se está expandiendo, lo que una vez más induce a error a la ciencia. Esta teoría también muestra que los soles no pueden estar compuestos de materia clásica (es decir, materia atómica). Si el núcleo del Sol estuviera formado por hidrógeno y helio, los neutrinos no podrían lograr este efecto en absoluto; simplemente volarían a través de él, como lo hacemos en la Tierra, y por lo tanto no podrían producir un impulso

energético sobre los soles. Esta es una prueba más de que todos los soles están hechos de materia cuántica comprimida, que originalmente explotó en billones de pequeños soles mediante el choque de dos bolas monstruosas de materia oscura y luego se formó en una nueva galaxia a lo largo de miles de millones de años. Esta formación también surgió de la energía oscura (neutrinos) a través de probabilidades técnicas caóticas, pero con el concepto planificado de naturaleza espacial. Aquí existen varios requisitos para garantizar una vida como en la tierra en el destino. (Esto en otros capítulos)

La energía oscura también es una trágica falacia de que, según cálculos matemáticos, el espacio se está expandiendo, lo cual, gracias a Dios, no es cierto. Según algunos cálculos, aquí incluso se entregaron premios Nobel. Que desastre solo digo.

Además, también hay que tener en cuenta lo siguiente: dado que la materia que podemos observar en el universo (es decir, no los planetas del sistema solar) está sujeta a una jerarquía completamente diferente a la de nuestro sistema solar (lo que también lleva a a varias falacias) Por eso tenemos que adaptar nuestras consideraciones en consecuencia. Pero esto sólo es posible si nosotros, los humanos (o la ciencia), aceptamos que nuestros soles no están hechos de hidrógeno y helio, etc.; de lo contrario, nuevamente estamos en un callejón sin salida.

Por tanto, es necesario reordenar los números atómicos de la materia. La afirmación actual es aproximadamente un 68% de energía oscura, un 27% de materia oscura y un 5% de materia visible. Esto nunca podrá existir realmente.

En esta distribución de la materia que es necesario reordenar, hay una composición completamente diferente, que al mismo tiempo arroja por la ventana todo este truco inventado. Según mi estimación, la materia visible (incluida la energía oscura) constituye alrededor del 60-70% y la materia oscura representa el 30-40%. Aquí también se podría decir entre el 50 y el 50%, lo cual también es muy posible. Cuando se trata de materia visible, también hay que tener en cuenta todos los sistemas solares y cada molécula que corre por algún lugar.

Desde mi punto de vista, la energía oscura se transforma en energía visible, porque esta energía oscura aún no identificada proviene de la energía solar visible. La materia oscura no tiene nada que ver con esta energía oscura; no puede surgir ni surgir de la materia oscura porque allí no hay desintegraciones beta que conduzcan a la radiación de neutrinos. Por cierto, ese es el truco increíble. Esto también sería paradójico en cuanto al funcionamiento de la materia oscura, porque sólo funciona de maravilla si no existe una fuerza anti-gravedad para que la materia oscura pueda reencontrarse a sí misma a través de un choque y que todo pueda empezar de nuevo. Una prueba más son los más de mil millones de galaxias que rara vez se ven obligadas a fusionarse. Si no existiera esta fuerza anti-gravitacional de los neutrinos, la gravedad sería lo único que existiría en la unificación continua de las galaxias. Eso explica la energía oscura. Entonces, durante un período de tiempo astronómico, se formaría una bola de masa cada vez más gruesa y en algún momento solo habría una masa SL gruesa que luego no podría encontrar ninguna otra porque estaba sola. Entonces, conclusión: tiene que funcionar así, de lo contrario, los neutrinos podrían llamarse fantasmas. Lo cual, repito, realmente no lo son.

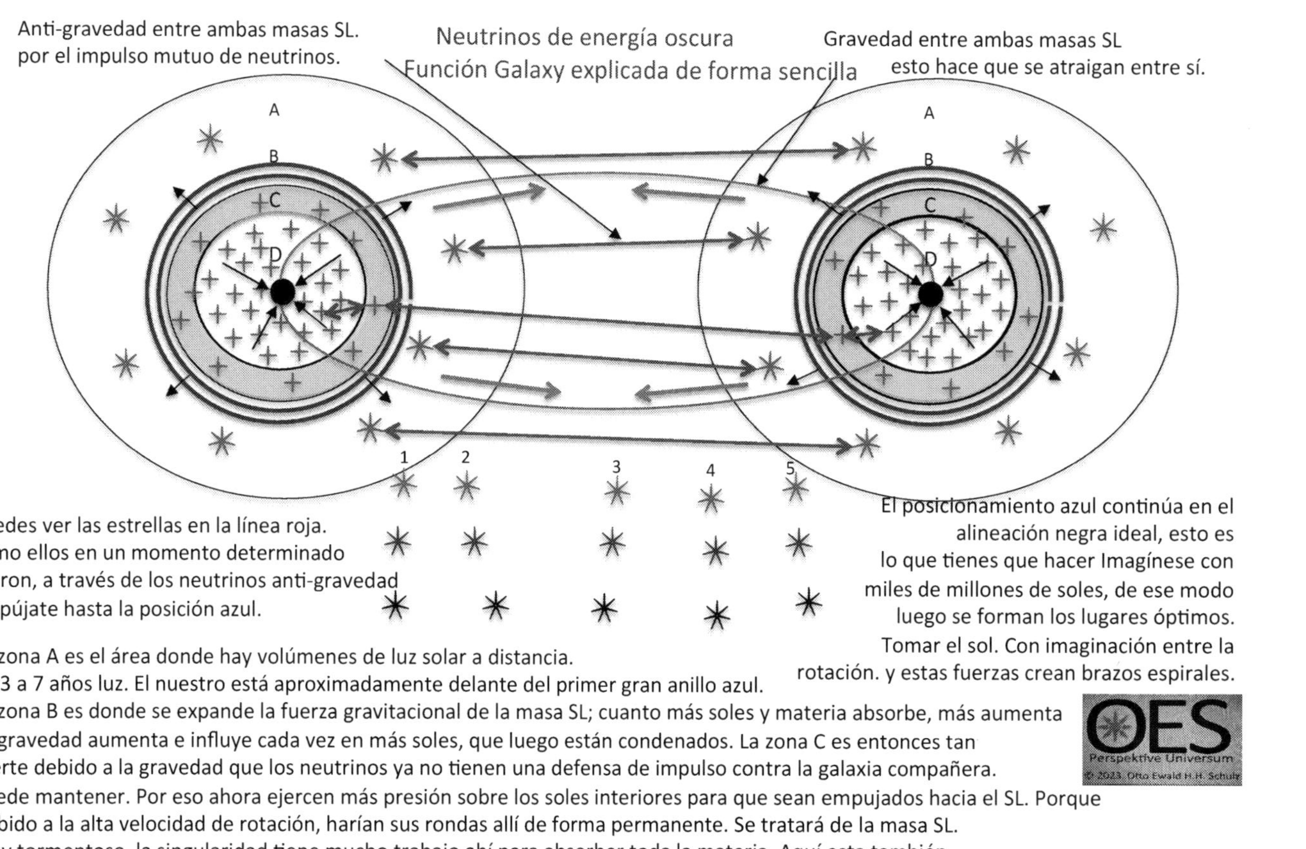

Bosquejo: 7 neutrinos de energía oscura

El universo de la perspectiva de la fórmula
revela la cosmovisión del universo visible.

21.) ¿Gravedad o más bien magnetismo de electro gravedad?

En la simetría de las 4 fuerzas básicas, donde todas están unidas para formar una fuerza en la masa SL, la gravedad siempre surge y existe en proporción a la masa desde el origen de la fuerza electromagnética básica, generada por electrones libres que son altos. en el material superconductor de la masa SL permiten que fluyan corrientes eléctricas. La gravedad no conoce límites por lo que las líneas de campo no pueden ser blindadas por nada, por eso es tan necesario iniciar el nuevo comienzo de una galaxia a partir de materia oscura (agujero negro invisible) con otra materia oscura (que funciona de la misma manera). , por eso sigue siendo galaxias La vida nunca se detiene. Cada masa de SL (con o sin soles) tiene la gravedad como único gasto de energía para el desarrollo posterior; es comprensible que las dos fuerzas básicas resueltas en SL no tengan sentido. La compatibilidad de la teoría cuántica de campos y la relatividad general se logra en la masa SL. Ambas fuerzas fundamentales del mundo atómico están estiradas como un rayo y esperan el momento en que el Sol con su masa SL las libere nuevamente a través de las etapas Q2, N2, A2 para la fusión nuclear. Si buscas la relatividad general en la masa SL, no la encontrarás, no existe allí, pero sí la mecánica cuántica o la teoría cuántica de campos. Por tanto, la gravedad se puede definir de la siguiente manera.

Todo objeto que tiene masa y se encuentra en el universo (no hay otro lugar) es de alguna manera impulsado por la fuerza electromagnética de la gravedad proveniente de un campo magnético de una galaxia, de la materia oscura o de los soles que vuelan libremente fuera de las galaxias. Son los electrones los que siempre tienen un efecto electromagnético. En el mundo atómico sólo existen los electrones libres de un material, en el mundo cuántico todos los electrones están libres y concentrados billones de veces. Este impulso gravitacional es impulsado por el campo magnético con la masa SL. La gravedad aumenta proporcionalmente con la masa. Las masas SL o materia oscura (que es lo mismo) han alcanzado la gravedad máxima según su masa, aquí un campo magnético aún más fuerte sólo puede aumentar con más masa, pero la intensidad de la línea de campo no aumentará como resultado. El campo magnético de nuestro sol se extiende aproximadamente hasta la nube de Oort, lo que corresponde a aproximadamente 1-1,5 años años. A esta distancia se encuentran las ondas de interferencia de las líneas de campo de la masa SL y del Sol. Lo que significa que allí se produce la transición de una gravedad a otra. Desde aquí, todas las partículas de materia del Sol eventualmente migrarán de regreso a la masa SL. Si no fuera porque la gravedad del Sol llega hasta allí, no habría una nube de Oort a esta distancia, porque se mueve con el Sol al igual que el sistema solar. No sólo está sujeto a la gravedad del sol, sino que también revela su origen original. La velocidad de todo este sistema solar es de poco más de 800.000km/h. El extremadamente fuerte campo magnético del Sol no se creó a partir de los elementos hidrógeno y helio como se supone: una mezcla de hidrógeno y helio no puede generar un campo magnético con una extensión de hasta aproximadamente 10^{18}km y más. También existe una similitud en la estructura del campo magnético entre la masa SL de la galaxia y el Sol. Ambas estructuras forman una especie de disco de lente, que se debe al campo magnético. Mercurio, Venus y la Tierra están hechos del mismo material, Marte también está clasificado de manera idéntica y su gravedad también se comporta según su tamaño. Dado que estos planetas están relativamente cerca del Sol y todos tienen un núcleo de hierro, que debido a la velocidad de rotación alrededor del Sol atraviesa el campo magnético, se generan altas corrientes en el núcleo de los planetas, que luego desarrollan un campo magnético de lo mismo. Estas corrientes parásitas del interior de la Tierra crean fuerzas de atracción en la superficie de la Tierra hasta la Luna, porque la Luna es inferior al campo gravitacional de la Tierra. La rotación del sol alrededor de sí mismo tarda unos 28 días, ninguno de los planetas gira sincrónicamente, por eso las líneas de campo se cruzan en el interior de los planetas y crean gravedad a través de las corrientes, dependiendo de su velocidad y masa, así es la conocida dinamo, efecto. En los núcleos calientes y líquidos también se producen movimientos de las masas, lo que aumenta aún más su magnetismo. (Estrellas de neutrones) Así surgen las fuerzas gravitacionales del interior de cada planeta, que no puede protegerse de ninguna manera. Para los planetas sin núcleo de hierro o materia diferente como el hierro, la gravedad se iguala según la materia. La gravedad es un fenómeno proveniente del electromagnetismo de la masa SL, que es de lo que está hecho todo sol, resultante de la liberación de todos los electrones, que luego crean corrientes muy altas. Estas altas corrientes dentro del núcleo del sol, que nos resultan incomprensibles, forman campos magnéticos que se pueden observar fácilmente en la superficie del sol. Las líneas de campo disminuyen al aumentar la distancia al sol o a la masa SL. Durante las fuertes tormentas aquí en la Tierra, las agujas de las brújulas oscilan violentamente cuando aparece una descarga estática de un rayo.

La gravedad es un componente de los electrones en la masa y se crea mediante la disolución de las capas atómicas, porque esto hace que la concentración se vuelva absoluta. La masa SL o el sol son los iniciadores gravitacionales de la gravedad. Por tanto, las líneas de campo actúan sobre cada masa y dan lugar a la gravedad. Por lo tanto, no está en la fórmula de nuestro mundo atómico actual.

$E=mc^2$ porque se ha convertido en una "masa que no conocemos" mediante la conversión al sol. Por eso Albert Einstein inventó la loca idea de la curvatura del espacio-tiempo para definir la gravedad. También se podría decir que una curvatura de algo requiere materia, en cualquier forma, pero alrededor de nuestra Tierra o Sol, hacia donde vuelan, no hay NADA, solo los átomos individuales por metro cuadrado en la heliosfera. Una representación gráfica de la pelota sobre una tela, que luego es presionada por el peso, tiene sentido simbólicamente, pero ¿cómo se puede comparar tal comparación con las órbitas de miles de millones de soles? Este ejemplo falla aquí y puedes ver que tiene otras causas. Einstein no pensó en esto en absoluto. La gravedad existe incluso antes de que se pueda colocar una pelota en la tela demostrativa. Totalmente absurdo.

Probablemente se logren líneas de campo con intensidades de 10^{20} a 10^{25} Tesla o más en la masa SL. Hay galaxias con diámetros de hasta 1 millón de LJ (año luz), por lo que será necesaria la gravedad para que dicha galaxia se forme en un disco de lente. Además, una galaxia (o materia oscura) tiene una gravedad de identificación de 10 a 20 veces su propio diámetro para poder volver a la vida una y otra vez gracias a masas SL más distantes. Así que no veo ninguna razón para creer en la teoría del Big Bang. Es completamente absurdo en muchos sentidos. Limitémonos a la fórmula del mundo de las galaxias, es comprensible y suena creíble, es resistente a cualquier ataque de crítica, porque sólo hay una fórmula de visión del mundo. Sólo uno mejor que éste podría darle la vuelta. Eso sería simplemente ciencia ficción.

Aquí hay otra explicación para una mejor comprensión.

Antes de entrar en las 4 fuerzas básicas, es necesario mencionar una cosa más: las fuerzas gravitacionales. Dado que en nuestra investigación no podemos encontrar nada en la familia de los quarks que apunte a una parte elemental del gravitón, como los neutrinos o todos los demás miembros de los quarks, se puede suponer con seguridad que el origen está en la materia de la masa SL y en los soles. Todo lo que queda es el magnetismo de electro-gravedad, que luego crea campos de fuerza en el planeta como un generador. Así que aquí tienes una explicación. El electrón es un componente aquí.

Conocemos nuestras 4 fuerzas básicas, la fuerza nuclear fuerte, la fuerza nuclear débil, el electromagnetismo y la gravedad. ¿Qué podría estar más cerca de la gravedad si, como lo describí, no existe una fuerza nuclear débil y fuerte porque se ha disuelto en energía vinculante en la masa SL, o más bien cargado? ¡Exactamente! Sólo queda el electromagnetismo. Pero aquí hay que hacer una enorme distinción. No se puede comparar la gravedad que tenemos en la Tierra o en el sistema solar con la gravedad que se genera a partir de una masa SL. Por la siguiente razón: directamente cerca (0-500LJ) la atracción es más fuerte de lo que los neutrinos pueden contrarrestar, más allá hay una zona neutral, que se fortalece al absorber cada vez más materia y, por lo tanto, captura más soles. Esto funciona como un reloj de arena o un remolino que captura su entorno y lo lleva al centro. En un área más amplia se encuentran los soles con una formación de sistema solar HABITABLE similar a la Tierra, como el nuestro. Aquí está la diferencia con el campo de fuerza gravitacional en el sistema solar. En el agujero negro o en cada sol, debido a la disolución del mundo atómico (sin fuerza nuclear débil o fuerte), todos los electrones libres producen una línea de campo muy alta, lo que conduce a un campo magnético excesivamente fuerte. La masa SL lo necesita para alimentarse. Los soles lo necesitan para crear gravedad en los planetas. El sol no lo necesita para alimentarse, sino más bien para abastecer a sus planetas y así permitirles nacer. Entonces, antes de que exista o pueda existir cualquier curvatura en el espacio, porque en este momento de la creación solo hay moléculas de gas caliente y plasma girando alrededor del sol. Por tanto, se puede decir que la rotación del eje del sol también provoca una transmisión a través del campo magnético solar para interactuar con los gases calientes, ya que son materia atómica. Con el tiempo de enfriamiento, las velocidades de circulación también se ajustan según las masas de plasma y gas de los planetas. Si ahora imaginamos que el Sol es un estator y los planetas forman el rotor, entonces las líneas de campo del Sol son cortadas a través del interior de los planetas por la velocidad orbital. Esto significa que existe una alta corriente eléctrica dentro de cada planeta, lo que conduce a esta gravedad en el planeta. Como todos los materiales están hechos de átomos, son atraídos por esta gravedad. El sistema descrito se va formando gradualmente desde el inicio de la formación de los planetas, exponiéndose el plasma caliente a la gravedad. Aquí las nubes de plasma se alinean primero sincrónicamente con la rotación del sol. A medida que el plasma se unifica debido a la gravedad, la revolución alrededor del sol crea fuerzas gravitacionales, que luego se distancian lentamente del sol. Así se forman los planetas a las distancias correspondientes del sol. Con esta formación de distancia se forma también un generador asíncrono en la masa del planeta que se está formando a partir de la materia. Así se crea nuestra Tierra con una gravedad de $9{,}81 m/s^2$. Esta es una prueba adicional fundamental contra la curvatura del espacio-tiempo. El hidrógeno o el helio tienen pocos electrones y también pocos nucleones y, por tanto, pueden escapar y regresar a la masa SL o solidificarse en los planetas gaseosos. En Júpiter, la gravedad mantendría el hidrógeno y el helio en la superficie porque la gravedad es casi tres veces más fuerte que en nuestra Tierra. Entonces, el resultado final de la gravedad es la fuerza del electromagnetismo. Este es un nuevo hallazgo en física. Dado que muchos análisis de errores han llevado a la cosmología a un callejón sin salida, ahora tenemos que repensarla lentamente.

22.) Espacio y tiempo en la galaxia.

El espacio en el universo no se puede describir; no nos es posible reconocer su tamaño. Si no existiera la materia en ninguna forma, el espacio permanecería en un vacío total, no habría nada en este espacio, aunque el espacio sea algo. Por lo tanto, sólo puede ser un error de nuestra parte como seres humanos en la forma en que pensamos sobre la imaginación. Interpretado de manera contraria, no habría galaxias, no habría gente y el espacio seguiría ahí, pero nadie preguntaría por ello. El espacio que ocupan todas las galaxias es perceptible y sólo deja preguntas sin respuesta. ¿Cómo surgió la habitación? ¿Hay un final? ¿Qué pasó antes cuando se creó el espacio? etc. Aquí para nosotros los humanos sólo existen fantasías estúpidas que no conducen a nada. Los seres humanos no estamos en condiciones de obtener respuestas a estas preguntas ni hoy ni en un futuro lejano. En mi opinión, esto va más allá de cualquier imaginación que conduzca a esto. Debido a los requisitos técnicos, la ciencia llegará en algún momento al punto en el que no se podrá recibir información desde una gran distancia como la luz. La amplitud de la luz va desde una tenue luz roja hasta ninguna luz y ya no existe para nosotros, pero todavía hay más galaxias a miles de años luz más allá. Entonces nadie sabe qué tan grande es el universo y de dónde proviene la masa. El universo no se puede ver en las cartas.
Un espacio lo definimos nosotros los humanos con limitaciones, en el universo no hay piso, ni techo, ni paredes. Por tanto, el lugar donde se ubican todas las galaxias no puede llamarse espacio.

El tiempo también es una invención de la humanidad, sólo sirve para definir con mayor precisión entre masa y velocidad. El tiempo se compone de masa y velocidad y luego se convierte en energía, mantenida por la gravedad. También se puede decir que si no hubiera masa (contenido del universo), no habría energía, no hay nada allí, por lo tanto no se puede alcanzar una velocidad a la que se pueda usar una unidad de medida y el tiempo. No se trata de nada. El espacio y el tiempo son la línea divisoria entre la materia de la compresión absoluta y el mundo atómico que luego emerge. Dado que la singularidad de la masa SL ocupa un espacio, sólo se da una definición clara del espacio cuando los humanos sabemos dónde puede haber límites, si es que los hay. Sin embargo, si quieres escalar el tiempo de la misma manera y conocer el comienzo de todo, aquí también existe la misma respuesta; Aún no ha llegado el momento de saber cómo empezó este fenómeno del espacio y del tiempo, por no hablar de la materia. La tensión probablemente aumenta desproporcionadamente con el conocimiento de la humanidad. Con este secreto nuestro sistema solar se despedirá en algún momento y dentro de unos miles de millones de años, a través de la evolución de una nueva galaxia, surgirán de nuevo los seres humanos, y entonces seguramente surgirán las mismas preguntas que hoy.
El punto cero de un tiempo es donde todo lo que tiene masa SL ha sido acreditado por una galaxia. (Materia oscura) Pero esto sólo sucede en la galaxia afectada. Si vivieras en otra galaxia al mismo tiempo, entonces habría un tiempo para las personas que viven allí. En la materia oscura es atemporal porque no hay soles ni planetas. Por eso no hay tiempo. Es lógico.
Lo que me hizo pensar en lo que descubrí fue que no hay tiempo en absoluto en el universo, no reconozco este fenómeno del tiempo en ningún otro lugar que no sea donde hay una interacción u otras huellas. No creo que al universo le importe en absoluto el TIEMPO. Esto es sólo una invención de la humanidad, al igual que el espacio, está ahí para nosotros, el universo está ahí. No tiene ningún efecto sobre el universo, por lo que algo así no puede expandirse, esa sería la conclusión lógica.
O es el punto donde toda la masa de una galaxia ha superado la singularidad y es en esta materia que nos resulta desconocida. La situación sigue siendo la misma. Si alguien estuviera en otra galaxia, todavía existiría un tiempo correspondiente para él, pero sólo en su galaxia y en su sistema solar. La definición de galaxia es cuando tiene soles a su alrededor, como nuestra Vía Láctea. Si esta masa SL, que se encuentra en el centro de nuestra galaxia, ha absorbido todos los soles, la llamamos materia oscura. En este momento la

galaxia habría absorbido toda su masa a través de la singularidad, por lo que lógicamente ya no tendría más tiempo y, por tanto, ya no tendría más energía en el estado del sistema solar ($E=mc^2$). El mundo atómico ha desaparecido. Sin embargo, el La energía total con las 4 fuerzas básicas permanece ahora concentrada en la masa SL (¡Conservación de energía!) Las galaxias se mueven en promedio a aproximadamente 1.000.000km/h o más, tienen una masa muy comprimida y por lo tanto mucha energía. Se requiere una masa similar de otra galaxia, lo que hace que el proceso comience de nuevo a través de un choque y crea una nueva a partir de dos galaxias (ver masa SL). Lo que me parece interesante es que nuestros nombres han surgido para ciertos fenómenos. los nombres que descubrieron, o también como singularidad, radio de Schwarzschild, curvatura espacio-temporal, eclíptica, teoría de cuerdas, etc.
Un pequeño ejemplo: en la Tierra tienes 30 años. Si vuelas a Marte ahora, ¿dentro de 30 años terrestres sólo tendrás unos 17 años? Eso estaría bien, ¿verdad?

23.) ¿Pueden las galaxias controlarse entre sí?

Cada galaxia es autosuficiente y autosuficiente. La única comunicación con otra galaxia es la gravedad, ya que la gravedad entre 2 galaxias es muy débil, pero tiene una interacción con la materia distante, me imagino que la emisión de neutrinos de una galaxia llena de soles y otros cuerpos pesados como los oscuros importa como Se puede ver el espaciador. Los neutrinos (por tener masa) actúan como espaciadores y son algo más fuertes que la fuerza gravitacional hasta una cierta distancia y, por lo tanto, permiten el control entre los soles (ver croquis), con lo que se puede evitar una colisión durante el vuelo paralelo, lo que significa que de lo contrario Sería posible que no existan estructuras de nebulosas espirales. Este fenómeno de control sólo puede reconocerse si se respetan los fundamentos de las leyes naturales y se les atribuye la fuerza física básica de la gravedad. Los neutrinos son el polo opuesto de la gravedad. (Entonces, anti-gravedad). Por lo tanto, los neutrinos solo se crean en los soles a través de la desintegración beta, no en las masas SL, no hay desintegración beta. Como se ha demostrado que los neutrinos tienen masa, llueven enormes cantidades de neutrinos sobre masas SL, imposibilitándoles el vuelo. Estos evitan que la galaxia aún intacta colisione demasiado pronto para no destruirla durante su fase de vida. Dado que el análisis de errores de nuestro Sol está disponible aquí y se supone que está compuesto de hidrógeno, este efecto no se manifestaría en absoluto y todas las investigaciones posteriores terminarían miserablemente en un callejón sin salida. Ésta es la función de los supuestos neutrinos fantasmas, donde la ciencia todavía anda a tientas en la oscuridad. ¿O crees que los neutrinos se añadieron a la familia de los quarks porque son hermosos? No, cada quark tiene derecho a existir para hacer justicia a la naturaleza del universo. Si detectamos entre 60 y 80 mil millones de neutrinos/cm^2 en la Tierra, sólo para dar una cifra, tendrían que ser más de 10^{130} por área de otras masas SL, o incluso más. Dado que la materia en la masa SL está muy comprimida (el tamaño de la familia de los quarks es de 10^{-19m} a 10^{-24m}), los neutrinos no pueden atravesarla. Chocan directamente con las partículas elementales y ejercen un impulso. Un buen ejemplo para entender sería si quisieras lavar una telaraña (planeta, mundo atómico) con un chorro de agua (neutrinos). El agua vuela a través de la telaraña y la deja casi intacta, pero si sostienes el chorro sobre una hoja (el sol) puedes alejarla de ti. Una comparación de tamaño real muestra que es aún más extremo con una pelota de tenis; El tamaño de una capa atómica es de 10^{-10m}, el tamaño de una partícula elemental de neutrino es de 10^{-24m}. Con una pelota de tenis con un diámetro de 7 cm como tamaño de neutrino, una malla neta sería 10 billones de veces más grande, es decir, estaría separada por 700 millones de kilómetros. Esto es y suena improbable, pero es la realidad. Es lógico que por allí todo vuele. Esto muestra cuán pequeños son los neutrinos y cuánto ha comprimido la gravedad el mundo atómico como el nuestro. Por eso es increíblemente difícil capturar estos neutrinos. (detector de neutrinos Kamiokande)

Entonces sucederá que la energía oscura (75% del universo), es decir, la producción de neutrinos, se aloja en la fuerza nuclear débil y fuerte, porque aquí esta energía también se libera de la energía de enlace de los cuantos. Sin embargo, dado que habrá un desequilibrio en el cálculo de la energía del 75%, se deberían realizar mejoras en este aspecto y proporcionar cifras reales. Estos cálculos matemáticos son secundarios para mí porque son creados de manera muy variable por tantas galaxias variables. Para generar la fuerza nuclear fuerte y débil en el Sol, es decir, para producir los elementos de toda la tabla periódica, en la producción de neutrinos se incluye la desintegración beta, por lo que este proceso es la base de la energía oscura. Dado que en la materia oscura sólo hay una fuerza básica + masa y es la fuerza electromagnética, que al mismo tiempo también ejerce el efecto de la gravedad, lo que interpretamos como una fuerza básica, pero en realidad puede verse como una fuerza secundaria. producto de la fuerza electromagnética. (La gravedad y la fuerza electromagnética son inseparables). Por lo tanto, debe y debe verse como una fuerza fundamental. La fuerza nuclear débil y fuerte se carga como energía vinculante en la materia oscura, se apaga o se congela y espera su liberación en el sol para luego hacer posible la vida en el sistema solar bajo la jerarquía de ART como tabla periódica. . Entonces, ¿por qué la gravedad y la fuerza electromagnética están siempre juntas? Porque ambas fuerzas básicas sólo las construyen y manifiestan los electrones. Por lo tanto, estas dos fuerzas fundamentales (fuerza electromagnética-gravitacional) nunca pueden eliminarse y deben considerarse como una sola fuerza. Por tanto, en un campo de fuerza magnético, las líneas de campo interactúan con cada elemento atómico. Porque cada elemento contiene al menos un electrón.

23.1.) Anti-gravedad por gravedad.

La gravedad es el comienzo de todo lo que podemos observar en el universo. Por tanto, es imposible imaginar la vida sin él porque se crea a partir de electrones. Dondequiera que estemos, en todas partes hay incluso el átomo más pequeño, hay una interacción con este material. Para que esta gravedad no se convierta en un fiasco y se destruya a sí misma, la naturaleza ha desarrollado una variante muy interesante en su modelo: son los llamados neutrinos "fantasmas". Con esta postulación los liberaré de su vestidura espiritual. Sin saberlo, todavía no han sido detectados oficialmente por la ciencia, por lo que se les llama fantasmas. Pero eso definitivamente no es cierto. Son anti-gravedad y sólo entran en vigor en el proceso de fusión nuclear del sol. Si también aparecieran en la masa SL, se produciría una paradoja entre las dos fuerzas de gravedad y anti-gravedad. Esto permite que soles como el nuestro se mantengan vivos durante mucho tiempo. Primero tienes que encontrar un logro del universo tan súper inteligente. Con estas consideraciones, como podría haber sucedido según las leyes de todas las condiciones físicas, el cerebro prácticamente estaba hirviendo por sobrecarga.

Un muy buen ejemplo de gravedad, para que se pueda entender aún mejor, es un motor asíncrono. La electricidad crea un fuerte campo magnético giratorio en el estator. Corriente trifásica trifásica de 400 voltios, como es habitual en casi todos los hogares. La estructura de hierro del rotor crea una gran corriente parásita. Al igual que el Sol (estator) y la Tierra (rotor), aquí se crea un campo magnético que hace que el rotor gire e intente seguir el campo eléctrico giratorio (estator). Si el rotor lo hiciera, no habría más inducción en el rotor y se detendría, por lo que inevitablemente funcionaría al ralentí. O sería prácticamente ingrávido, como en caída libre aquí en la Tierra o en una estación espacial. Si ahora cargamos el rotor y lo utilizamos para accionar una máquina, el estator absorbe más corriente para volver a alcanzar su velocidad. Esto entonces conduciría a la velocidad de escape del sistema solar, por lo que pondría más energía en el sol, la gravedad en la Tierra aumentaría y la Tierra sería atraída, o la Tierra aumentaría su velocidad, o se alejaría más del sistema solar. el sol, para no ser atraído. Lo que se debe entender aquí es la fuerza de atracción entre el estator y el rotor, que tiene un espacio en el motor de aproximadamente 0,5mm por donde se transmiten las fuerzas. Para nosotros, estos 0,5mm son aproximadamente 150 millones de kilómetros entre el Sol y la Tierra. La rotación de la Tierra alrededor del Sol provoca que se produzcan los mismos fenómenos. Y tenemos una atracción gravitacional de $9{,}81 m/s^2$ (ley de Newton) en la Tierra. La Luna tiene las mismas líneas de campo magnético, pero la absorción por la menor cantidad de material en la Luna minimiza la atracción gravitacional sobre la Luna. Si, en teoría, la Tierra girara más rápido alrededor del Sol, la atracción gravitacional aumentaría, $15 m/s^2$ o $20 m/s^2$. Si teóricamente condujéramos hasta el centro de nuestra Tierra, careceríamos de peso, ese sería el momento que el rotor intenta alcanzar mientras está en marcha. Incluso en la ISS prácticamente no somos más que el centro de nuestra Tierra. Por eso los astronautas allí arriba no pesan nada. Con este práctico esquema comparativo se puede ver que la gravedad sólo puede provenir del sol y se extiende lejos de su campo magnético hasta la nube de Oort. Por eso no puedes protegerte de la gravedad. Ésta es otra prueba lógica más en contra de la curvatura del espacio-tiempo de Albert Einstein.

El universo de la perspectiva de la fórmula
revela la cosmovisión del universo visible.

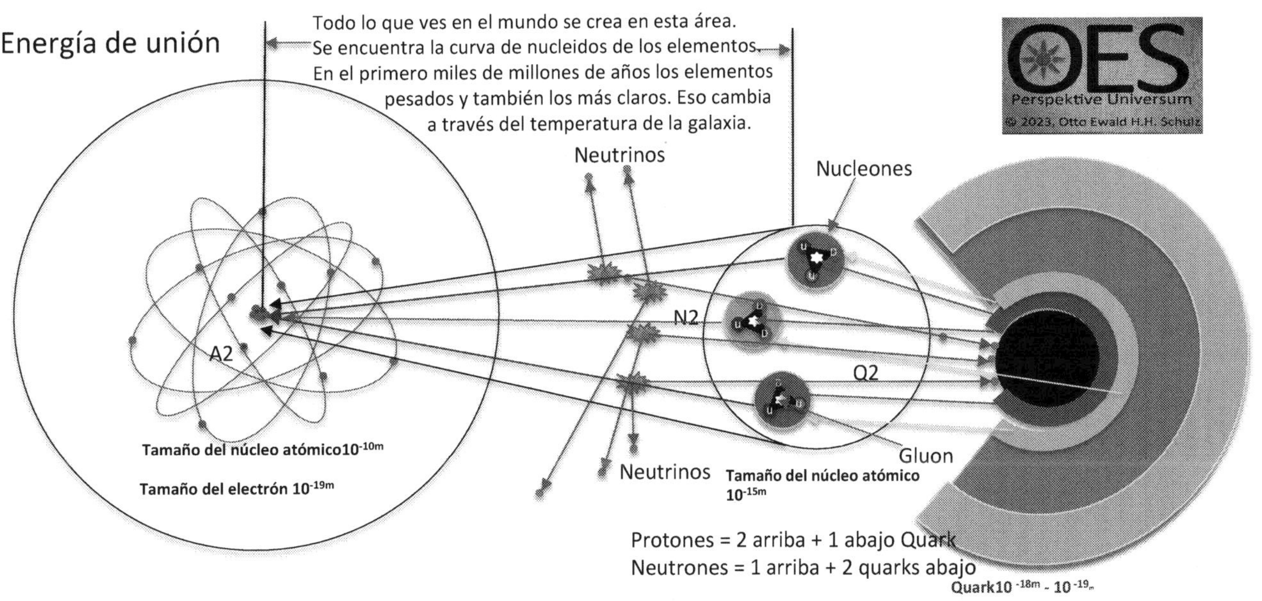

La masa SL en el núcleo del Sol deja los quarks y leptones necesarios en el área Q2 según el principio de probabilidad de la teoría del caos. Y los bosones se liberan para que la fuerza nuclear fuerte pueda unirse a través del gluón en el nucleón. Esta es la energía primaria. El sol, que se vuelve libre debido a muy poca gravedad. En el momento siguiente, todos los existentes en la curva de nucleidos entran en existencia. Elementos, principalmente debido a la desintegración de neutrinos. Las enormes cantidades de neutrinos golpean la superficie del sol, para asegurar un proceso controlado. Si esta tecnología de la naturaleza no fuera el caso, la uniformidad no se produciría. Suministro de energía a los nucleones, de lo contrario no se podría desarrollar una estrella de neutrones más adelante. Aquí es donde se forman el área N2 atraviesa los electrones de los elementos y le da al núcleo atómico la fuerza nuclear débil. Al final de este en cadena, son entonces los rayos los que son vitales para nosotros y se atribuyen principalmente a la fusión de H^2 H^3 con helio. Este el proceso se desarrollará en la región de transición del marrón al amarillo y luego en la corona solar hacia el mundo atómico estropeado.

Bosquejo: 8 neutrinos de energía vinculante.

Bosquejo: 8 neutrinos de energía vinculante

23.2.) ¿Cómo se debe considerar la expansión espacial?

Desde la perspectiva del Big Bang, la expansión espacial es responsable de todo lo que hay en el universo.
Este es el primer error progresivo en esta constante de Hubble, que conduce a este resultado de expansión con otros cálculos. Dado que nadie sabe exactamente cuán grande es el universo y, por lo tanto, no puede suponerlo aproximadamente, la probabilidad de carácter lógico sólo puede conducir al hecho de que es infinito en nuestra imaginación. Estas personas simplemente tienen una mentalidad demasiado estrecha para hacer semejante pronóstico de expansión. Para observar más de cerca este fenómeno, necesitas las energías que ya he descrito en los otros capítulos. Más precisamente, la llamada energía oscura y materia oscura. Y ahí también hay una solución. Ahora intenta seguir mis pensamientos. (El boceto lo deja aún más claro).
Desde la continuación (universo a escala de boceto) nos adentramos en el universo que aún no podemos ver para hacerlo más claro.
Imaginemos un espacio infinitamente grande. Hay globos en la habitación que contienen todas las galaxias. Ahora estamos dejando de lado la materia oscura, que, si se tuviera en cuenta, daría lugar a estructuras en la formación de galaxias. Ahora ya sabes qué es la energía oscura (neutrinos), lo que significa que cada globo tiene una cierta energía anti-gravedad, por lo que cada globo puede expandirse y contraerse nuevamente (en este caso, la disolución de la galaxia). Dependiendo de cuántos soles haya en una galaxia. Si ahora consideramos que el espacio es cerrado, podemos suponer que es infinito. Ahora volvamos a la ley de conservación de la energía, ¿qué nos dice eso? Definitivamente ese es el caso, ¡la energía no se puede canalizar hacia la nave! La energía no se puede crear ni aumentar, y mucho menos destruir. ¿Qué quiero decir con eso? Cada globo que se expande en una parte del universo se contrae simultáneamente en otras zonas, o incluso entre los globos, los globos. Este es un juego de ida y vuelta debido a la gravedad y la anti-gravedad. Por lo tanto, se tiende a decir que hay una expansión de la materia visible y se concluye que hay una expansión, lo que se convierte en una falacia, aunque no se debe subestimar la materia oscura con su única gravedad. Esto sólo se vuelve dominante cuando la anti-gravedad ya no aparece. Si ahora asumimos que, según cálculos científicos, en nuestro universo visible existe aproximadamente un 70% de energía oscura y aproximadamente un 30% de materia oscura, entonces también se dará el caso de que exista en una zona diferente del universo (que no puedo

ver) las proporciones se invierten a 30% de energía oscura y 70% de materia oscura. Tenga siempre presente la ley de conservación de la energía. Ahora repito de nuevo: sin estos neutrinos dando este impulso a otros soles (galaxias), no se podría formar ninguna estructura o secuencia funcional en el universo. Hay una aglomeración total de toda la materia en el cosmos. Ahora todo lo que tenemos que hacer es mirar por la puerta principal y mirar nuestro sol. ¿Todavía está formado por hidrógeno en su núcleo? Porque si fuera hidrógeno, los neutrinos volarían directamente a través del Sol y no tendrían ninguna interacción con el Sol. ¿Quién puede creer que algo existe en las partículas elementales sin que sirva para algo? ¿Puede la naturaleza ser tan estúpida? Creo que todo tiene un significado inequívoco y por tanto también una constante espacial que postulo y que se expresa claramente en este libro. Así que tenemos que concentrarnos nuevamente en la visión del mundo de este libro, porque responde a todas las preguntas, hasta el tema en cuestión. ¿De dónde viene? ¿Cuán grande es el universo? ¿Cuándo y cómo pudo haber surgido? Nunca hay una respuesta para eso.

24.) Cálculo y formación de una galaxia como la Vía Láctea.

Los soles que existen actualmente en nuestra galaxia pueden tener entre 5 y 6 millones de masas solares. Ciertamente más en muchas galaxias y menos en muchas galaxias enanas o incluso fuera de las galaxias. Entonces, de alguna manera, siempre aciertas con esta estimación.
La materia reabsorbida por la masa SL recién formada después de una colisión es quizás de 50 a 500 billones de masas solares, dependiendo del tamaño de la galaxia. Calculado aquí desde 100 millones de años después del accidente hasta hoy. Esto es puramente especulativo en términos de sentimiento, para poder imaginarlo mejor. La materia que fue y sigue siendo expulsada de todos los soles de la galaxia tiene poca importancia en este momento, pero tendrá un impacto significativo a lo largo de una vida de 20 a 100 mil millones de años.
La pérdida de material para el cálculo por sol es de aproximadamente 8 millones de toneladas/sec. * 300 mil millones de soles $=2,4^{18}$ * 3600 sec. = $8,64^{21}$ * 24h = 2^{23} * 365 días = 7.568^{25} toneladas/año. x 1 millón de años = $7,568_{34}$ kg/ 1 millón de años. Eso sería aproximadamente 37.840 masas solares de nuestra galaxia/1 millón de años. Dentro de unos mil millones de años habrá alrededor de 38 millones de masas solares. El ciclo de vida de una galaxia oscila entre 10 y 100 mil millones de años, dependiendo de su tamaño inicial. Para el nuestro, tal vez sea entre 30 y 35 mil millones de

años. Durante este tiempo, alrededor de 1.100 millones de masas solares se quemarían debido al viento solar y migrarían a la masa SL a través de sustancias moleculares. Hay un efecto secundario, también se podría decir, un producto de desecho. Esta es la formación de cada sol en un sistema con planetas y todo lo que conlleva. Básicamente, somos evolucionados por la materia atómica a partir de la sustancia básica, inundados con ella y hechos esclavos de nuestra tierra.
El resto se absorbe directamente y sólo queda materia oscura. Ahora puedes reducir todo un poco, agregar una gran parte desde el principio y asumir diferentes tamaños de galaxias, para obtener un resultado aproximado, a partir del cual el curso de una galaxia queda claro, porque eso es lo que quiero transmitir. aquí. La masa de energía fluye desde la galaxia en la masa SL. Esto debe entenderse como un flujo de masa de energía y forma una nueva constante.
Como resultado, el potencial gravitacional de la masa SL aumenta gradualmente (aquí hay una comparación proporcional entre los soles y la masa SL) y los soles restantes que se debilitan son cada vez más atraídos hacia el centro, porque después de 20-30 mil millones de años un sol tiene esta como el nuestro ha perdido la mayor parte de su masa e inevitablemente se acerca a la masa SL. La vida para nosotros los humanos, tal como surgió, está retrocediendo evolutivamente sin que nos demos cuenta. Durante este ciclo, los soles de masa SL en el interior de la galaxia son los primeros en ser víctimas. La mayoría de ellos ya se han disuelto, no todos habían producido vida como la nuestra. A esto se le puede llamar constante del ciclo energético. Es una ley natural de las galaxias, que funciona perfectamente y resulta fascinante sin ninguna intervención humana. Ver boceto anti-gravedad.
A continuación se muestran dos ejemplos de dos dimensiones SL diferentes. En mi opinión, la masa del SL, que se reformó casi por completo unos 100 millones de años después del accidente, representa alrededor del 95% de la masa actual, es decir, unos 600 billones de masas solares. Con este cálculo relativamente profundo, el diámetro de la masa SL resulta muy pequeño, de casi 13,5cm si lo utilizamos a escala de España. En realidad, tendría un diámetro de unas 120 horas luz, o 130 mil millones de kilómetros.
Datos de medición para la comparación de España;
100.000 horas de luz (LJ) = aproximadamente 950.000.000.000.000.000km se reduce a 1.000.000.000mm escala española.
1.080.000.000 kilómetros = 1Lh

El universo de la perspectiva de la fórmula
revela la cosmovisión del universo visible.

Unidad astronómica (150 millones de km) = 0,157mm Distancia del Sol a la Tierra en la escala española 100.000 años luz se reduce a 1.000km o 1.000.000.000mm.
Basándome únicamente en mi sentimiento interior, podía imaginar que la masa del SL sería mucho más grande, 5 metros en la escala española, lo que en realidad tendría 6 meses luz de diámetro. O 4,5 billones de kilómetros de diámetro, lo que todavía parece relativamente pequeño. Aquí cabrían entre 40 y 70 billones de masas solares, con un diámetro solar de 1,4 millones de kilómetros. El núcleo de materia comprimida es mucho más pequeño. Creo que estos cálculos son secundarios, otras personas deberían hacer eso. Porque con tanta variación en los tamaños de sol y tamaños de masa SL, puedes aceptar casi cualquier cosa.

¿Cuánta masa hay aproximadamente en el universo visible?

Calculamos nuestro sol con el núcleo de la masa SL con un diámetro de 200 km. Esto es alrededor de 7 millones de km^3 * 300 mil millones de soles = alrededor de $2{,}5^{18}$ km^3 + 30% más de masa debido a soles que son más grandes que el nuestro = alrededor de $3{,}3^{18}$ km^3 + los soles que ya han sido separados por gravedad hasta la fecha. Si en los primeros 100 millones de años hubo alrededor de 2 billones de años, eso es aproximadamente 7 veces la masa de $3{,}3^{18}$ km^3 = $2{,}2\ ^{19}$ km^3. Ahora se puede suponer que todavía hay alrededor de 10.000 pequeñas masas de agujeros negros entre nuestras nebulosas espirales y los brazos espirales que se escabullen por ahí. Debo decir que es un cálculo relativamente pobre. Esta masa podría ser la misma que ya tenemos ahora. Entonces, aproximadamente = $4{,}5^{19}$ km^3 Me gustaría asignar la masa SL en el núcleo a la relación entre el Sol y los planetas, es decir, aproximadamente el 99 % de la masa total de SL como materia oscura = $4{,}5^{19}$ km^3 = aproximadamente $4{,}5^{21}$ km^3 Si este fuera nuestro SL masa, entonces Esta esfera tiene un diámetro de aproximadamente 18.000.000km, lo que equivale a casi 55 segundos luz. En España eso significaría 0,019mm. Me pregunté si había habido un error de cálculo. Si ahora tomamos el factor 1.000, entonces la masa SL es ligeramente mayor que la de nuestro garbanzo. Entonces la masa SL es aproximadamente del mismo tamaño que nuestro sistema solar.
Soy generoso y voy por el medio, así que factoriza 500 =
4.5^{21} km^3 x 500x500x500 = 5.6^{29} km^3 Esta masa SL tendría un tamaño en la escala española de poco más de 9mm, es decir, más pequeña que nuestro sistema solar. Para mí esto sería una masa exagerada de nuestra galaxia, sin

embargo este cálculo encajará en otra parte. Ahora podría extrapolar esta masa a 5 billones de galaxias en nuestro universo visible. entonces saldría lo siguiente. = 2,8 ^{48} km^3 Esta sería entonces la masa visible total.
La materia oscura, que todavía no está incluida, podría representar el 30% de esta masa, que ascendería entonces a unos 3.6^{48} km^3. La masa bariónica no es nada significativa. Puedes olvidarte completamente de ellos. Esta masa se comprime hasta formar partículas elementales y dirige todo el universo. No quiero garantizar este cálculo, es algo en lo que pensar. Donde cada uno debería formarse su propia opinión. Personalmente, podría imaginar que la masa real en nuestro universo visible sería mucho mayor. Los cálculos actuales de la energía y la materia oscuras se basan en el hidrógeno, etc., del sol. Por tanto, estos cálculos se basan en fundamentos incorrectos.
Verá, estos otros dos cálculos se alejan mucho, uno increíblemente pequeño con 120 horas luz y el último con 6 meses luz de diámetro, relativamente grande para la masa SL, pero aún pequeño. Porque a 5 metros a vista de pájaro no se podría ver Madrid desde una altura de 100km. Por no hablar del cálculo del párrafo anterior. El tamaño real de muchas galaxias probablemente estará en algún punto intermedio. ¿Quizás mi estimación de 2 metros a 5 metros en escala española sea una de muchas posibilidades? Si miro algunas fotos con masas SL, estas masas SL podrían tener dimensiones de 10-20 mil años luz, y eso es una exageración total. Echa un vistazo a este truco por ti mismo. Sólo quiero hacerte pensar, porque cuando comienza la compresión en una masa tan monstruosa es puramente especulativo. La misma masa está contenida en las estrellas de neutrones y tiene la capacidad de succionar simplemente estos soles, que entonces ya son rojos, mediante su gravedad. Como resultado, la estrella de neutrones podría, con el tiempo, convertirse en masa SL si hay buen apetito. No lo sabemos exactamente, pero sólo puedes imaginarlo. No puedes descartarlo. Lo que es definitivo para mí es: sin comprimir la materia, una energía como la que se encuentra en el sol no se puede formar ni revivir. En breve; Todo el proceso no puede funcionar. Hasta el momento no existe ninguna expresión para una materia tan monstruosa que no pueda compararse con ningún elemento de la tabla periódica. Es simplemente el mundo de los quarks, no el mundo atómico de la relatividad general. Lo que falta aquí es la fuerza nuclear débil y fuerte.
Como ejemplo comparable, la masa monstruosa de la masa SL es billones de veces más efectiva que la comparación entre la compresión de la madera y la fotosíntesis del sol como impulsor de energía aquí en la Tierra.

El universo de la perspectiva de la fórmula
revela la cosmovisión del universo visible.

Un árbol absorbe principalmente CO_2 (gas) a través de las hojas, almacena el C (en forma sólida) en el tronco y libera nuevamente el oxígeno O_2 (gas). Cuando se quema, la madera necesita oxígeno y se combina nuevamente para formar CO_2. El calor que se quema durante el proceso de combustión proviene del carbono creado por la compresión de la fotosíntesis del sol. Aquí se puede ver un ciclo, al igual que en la masa del monstruo SL comprimido. Por tanto, el proceso de combustión del material solar se puede interpretar de la siguiente manera:
En la masa SL, la gravedad es tan fuerte que no se puede producir luz alguna, ni se produce radiación de calor ni ninguna otra pérdida de energía. No existen procesos de fusión nuclear ni liberación de energía distinta de la gravedad a través de la fuerza electromagnética básica. La madera reacciona de la misma manera cuando no está ardiendo. Porque a partir de una cierta gravedad, que siempre depende de la masa, la gravedad ya no permite la fusión nuclear, las fuerzas nucleares fuertes y débiles quedan debilitadas y puestas fuera de acción. Las capas atómicas ya no existen. Puedes compararlo con la madera, la madera no explota como el compuesto SL, se quema muy lentamente. Si el sol estuviera hecho de hidrógeno, explotaría inmediatamente a esa temperatura porque el oxígeno también se fusionaría. ninguna gravedad sería capaz de mantener y controlar tal presión en el eje. Por eso las fuerzas nucleares esperan que se libere la fusión nuclear en el sol y luego se forme vida nuevamente con toda la tabla periódica.
La naturaleza y objetivo de la masa SL es acaparar, acreditar y comprimir materia, no como se pensaba originalmente que la gravedad proviene de la curvatura del espacio de modo que ni siquiera la luz sale. ¿Para qué se supone que sirve eso? ¡No tiene sentido! No hay luz alguna en la masa SL, por lo que no puede salir. Si hubiera un arquitecto del universo, se reiría a carcajadas ante tales declaraciones. Esto se puede negar porque la naturaleza tiene su plan y no es contraproducente en su interpretación. Así que no hay luz que pueda salir o emitirse. ¿Para qué debería usarse la luz (fusión nuclear) aquí? Después de todo, la naturaleza no es estúpida.
Al igual que los términos astronómicos súper complicados como horizonte de sucesos, radio de Schwarzschild o singularidad, ¿quizás radiación de Hawking y curvatura del espacio-tiempo sean palabras interesantes? Sin embargo, no existe una necesidad visible de que se utilice en el universo. Entonces, en realidad es bastante simple, como se describió anteriormente, existe un cuerpo muy grande y masivo de enormes dimensiones, y eso es todo. Aquí sólo tienes que poder leer las energías correctamente y funcionará sin que te surjan preguntas que luego no puedas responder.

Entonces, la energía total se libera aquí en esta masa SL por el choque, y uno de estos billones de fragmentos es nuestro sol. Un sol como el nuestro viaja con más de (especulativamente) entre 20 y 40 billones de otros pequeños fragmentos cuando choca contra otra masa SL. Este accidente tiene una velocidad de impacto de más de 4-5 millones de kilómetros por hora. (¿o más?) Todo el mundo puede imaginar que aquí se forman una gran variedad de fragmentos y que el impacto puede durar más de 100 millones de años hasta que las últimas masas comiencen a formarse juntas nuevamente en una masa SL. Las formaciones de galaxias más diversas se crean por diferentes impactos y por diferentes masas de SL. Si una masa es mucho mayor, puede permanecer intacta y la más pequeña explotará como ya se ha descrito. Hay galaxias que tienen un diámetro 10 veces mayor que nuestra Vía Láctea y por tanto tienen más masa total. Sin embargo, una gran parte, estimada en torno al 1%, permanece en la galaxia sólo con una órbita propia debido a colisiones, desviaciones e influencias gravitacionales o efectos de repulsión. Esa sería aproximadamente la teoría de la probabilidad de una colisión, rompiéndose en billones de fragmentos (¿trozos o masa viscosa?). (Materia desconocida) Hasta la fecha, el 20-40% de las masas que no alcanzaron la órbita han sido reabsorbidas por la masa monstruosa. En este estado no se puede ver nada en otras galaxias porque permanece oculto por la envoltura de gas caliente. Un gran porcentaje también podría abandonar toda la galaxia e introducirse clandestinamente en otras, lo que podría provocar detonaciones incontroladas, dando lugar a la formación de nebulosas galácticas como la nuestra (Nebulosa de Orión). Así es más o menos como imagino que estaría estructurada una galaxia. Fuera de nuestra galaxia también hay estrellas individuales en una batalla perdida, así como cúmulos de estrellas, con masas SL más pequeñas que intentan formar galaxias enanas. Todo esto encaja en la explicación y cada vez es más transparente.

Con este viaje de un sol comienza de nuevo todo el proceso de formación de nuevos planetas en un futuro sistema solar y quizás también vuelva a haber gente en una nueva Tierra.

Según los conocimientos actuales de nuestra ciencia, la energía es 100% determinante para la orientación mediante la ley de conservación de la energía. Aquí los humanos escribimos las condiciones físicas más básicas, que deben aplicarse a las teorías tan pronto como se trate de materia atómica. El mundo cuántico, que nos cuesta entender, es algo incomprensible según nuestro criterio, algo que simplemente hay que aceptar tal como es y si no se da prisa volverá a ser diferente de lo que era

antes. Entonces debe haber algunas influencias, a través de frecuencias o radiación, incluso neutrinos, que en nuestra investigación estos análisis, no sé cómo. pero de alguna manera manipularlo. Se trata de los malditos quarks. Probablemente sean también los neutrinos los que interrumpen constantemente un proceso de medición durante la medición; nadie puede hacer nada al respecto ni protegerlos. Vuelan por todas partes en el mundo atómico.
Todas las demás versiones no son lo suficientemente creíbles, especialmente la difusión pública de la formación del sol a partir de nubes de gas y polvo de estrellas. El hidrógeno es un gas con la mayor expansión, y si todavía se encuentra en el rango de temperatura razonable de mil millones de grados C o incluso más, nunca podrá colapsar antes de la formación de planetas. El hidrógeno tiene un punto de fusión o ebullición de aproximadamente -273 °C o 0 Kelvin. Nuestra Tierra, incluidos Mercurio, Venus y Marte, tiene un núcleo de hierro que tiene un punto de fusión de más de 1.500 °C. ¿Cómo imaginar esta "tesis"? Aquí los estados agregados con condiciones termodinámicas están a kilómetros de distancia. La presión es expansiva o neutral y la misma en todas partes. Por tanto, el Sol no puede estar formado por hidrógeno como material primario y no puede haber sido creado. Si también se tiene en cuenta la velocidad del sol, cómo se supone que todos los actores (más de 180 planetas y lunas, miles de millones de asteroides y meteoritos) en un sistema solar atraquen aquí a 800.000 km/h, entonces probablemente se acabó. Para calcular la pérdida de masa del Sol, como ya se ha descrito, sólo es necesario pesar la materia que fue expulsada del Sol durante 10 mil millones de años. La misma energía tendría que haber sido absorbida previamente de una nube de materia gaseosa. Esto nunca es posible y, sin embargo, el Sol sigue siendo estable hoy y tiene combustible para muchos miles de millones de años por venir. ¿Qué nos dice la ley de conservación de la energía? ¡Echar un vistazo! Este conocimiento científico es erróneo y viola nuestras leyes físicas en todas las situaciones. Es necesario que haya una mejora científica oficial aquí. Me parece triste que algo así se haya anunciado a la humanidad durante décadas. Esto se transmite en mis videos como daño corporal espiritual e intelectual a la humanidad.

25.) Formación de estrellas de neutrones.

¿Pero ahora el segundo paso de energía de unión a la estrella de neutrones o Magnetar? Si la envoltura alrededor del núcleo solar (zonas de convección, fotosfera, cromosfera, etc.) ya no se mantiene lo suficientemente unida a un determinado nivel de gravedad, la masa se expande, se hincha y cambia lentamente de sol a gigante roja. Esto es más o menos lo que predice nuestra ciencia, suponiendo que el Sol esté hecho de hidrógeno.
Me gustaría distanciarme de este conocimiento científico. Algunos capítulos lo explican con mucho detalle para no creer las tonterías. Mi consideración para el funcionamiento seguro de un sol no es sólo la gravedad que debería mantenerlo unido, sino que ciertamente hay fuerzas completamente diferentes involucradas en el resplandor controlado del sol. Me refiero ahora a este momento en el que el proceso de fusión nuclear se paraliza. En mi opinión, la reposición de la energía de enlace de la masa SL (es decir, el núcleo del Sol) poco a poco ya no podrá generar suficiente temperatura debido a la reducción proporcional del bombardeo de neutrinos en la superficie del núcleo del Sol y, como resultado, Una mayor fusión nuclear ya no podrá sostenerse como un sistema irreversible. Se colapsa en un tiempo astronómico y, en consecuencia, se detiene la fase energética de unión N2 a A2. Lo que queda es la familia de quarks comprimida con los protones y neutrones como producto final. Si el sol estuviera hecho de hidrógeno, se desintegraría hasta no quedar nada o explotaría, porque ¿qué más podría detener esta fusión nuclear? Entonces no habría estrella de neutrones ni Magnetar. Debe haber algo comprensible en este proceso de frenado de la fusión nuclear. Luego el sol no puede estar hecho de materia atómica. ¿Estás empezando a notarlo ahora?
Este proceso podría hacer que el sol se expanda y destruya todo el sistema solar durante millones de años. Tiene derecho a hacerlo porque ella lo construyó. La naturaleza del universo debe haber tenido en cuenta que este proceso se llevará a cabo de manera eficiente. Durante esta destrucción, todos los planetas y lunas se convierten al estado de materia gaseosa y migran de regreso a la masa SL. Lo que queda es la estrella de neutrones. La expansión de esta masa solar sólo puede tener lugar de forma muy lenta y discreta, ya que las energías son moderadas y astronómicamente pequeñas. Estime que la extensión máxima será quizás de 10 a 15 minutos luz. Esto se hace evidente cuando se comparan los tamaños de tales objetos. No hay energías fundamentales que indiquen tamaños de nebulosas como las de Orión, Águila o Cangrejo; estas son de un calibre completamente diferente

y probablemente surgieron de masas SL más pequeñas que fueron catapultadas a la galaxia por el choque inicial. Aquí las masas son mil veces mayores. Como dije: 2-3 horas luz: 4-6 años luz, estas conocidas nebulosas son aproximadamente 20.000 veces más grandes.
La disminución de la energía de unión de Q2 a N2 en el núcleo solar probablemente influirá en la expansión de la corona solar hacia la gigante roja a través de la interconexión de los 3 flujos de energía que surgen al mismo tiempo. Por un lado, el electromagnetismo con la correspondiente disminución de la gravedad, luego la disminución de la descarga superficial de los nucleones, que automáticamente se hace evidente con la disminución de la producción de neutrinos en el empuje de la energía de unión de N2 a A2. Esto conduce gradualmente a una paralización de la fusión nuclear. Con un resultado irreversible. (Este proceso lleva millones de años) La corona del sol ya no se repone y la gigante roja (antes nuestro sol) se abre paso gradualmente hacia los planetas. Al final del proceso, lo único que queda es una pequeña nebulosa de materia, casi imperceptible, con una estrella de neutrones en el centro. Sólo ahora la estrella de neutrones se convierte en un misil peligroso: su velocidad original apenas ha cambiado, pero su atracción es incomparable, al igual que otros soles que tienen que protegerse de ella con neutrinos. Ya no tiene efectos de repulsión de neutrinos, que lo protegían de la colusión como lo hacía en el sol. La pequeña esfera de neutrones, con un diámetro de 10 a 20km, no es suficiente por sí sola para permitir que otros soles se alejen de ella. Esta protección se pierde a medida que una galaxia envejece y luego ocurre cada vez con más frecuencia hasta que, en algún momento, los soles, las estrellas de neutrones, etc. ya no existen. Entonces, la muerte del sol también existe en el espacio. Nada es para siempre. La anulación de esta energía de unión de N2 a A2 se debe principalmente a la disminución del proceso de solución de neutrinos para la producción de protones y neutrones; este proceso irreversible conduce a la muerte del sol. Por lo tanto, otra teoría podría ser el secado de los neutrinos de la familia de los quarks, porque entonces se detiene el suministro de N2 para la fusión nuclear. Si se pudiera examinar ahora esta masa de la estrella de neutrones, se descubriría que las partículas elementales (familia de los quarks) están empaquetadas junto con los electrones en el espacio más denso. En su forma actual, las 4 fuerzas básicas que conocemos se encuentran en esta masa debido a la gravedad. Sin embargo, la energía nuclear fuerte y débil ya no puede desarrollarse. Permanece oculto bajo el firme control de la estrella de neutrones. Mi conjetura es que la gravedad se está volviendo demasiado débil y se encuentra en el umbral donde finaliza

el proceso de fusión en el mecanismo de disolución de los quarks del núcleo. No importa, el próximo choque galáctico no tardará en llegar. Este proceso de unión de energía ocurrió en la masa SL y solo está en el sol después del choque para disolverse y revivir lentamente todo y ahora terminar en la estrella de neutrones después de que esta fase haya terminado. Entonces, la fase de energía de unión de Q2 a N2 ya no existe, la estrella de neutrones ahora consiste solo en la masa Q2 y N2. Ya no hay fusión de N2 a A2 porque aquí no hay energía primaria que permita que se lleve a cabo este proceso. Todo lo que queda es una estrella pequeña, relativamente fuerte, con una gran fuerza magnética. Después de millones de años probablemente se habrá enfriado por completo y ya no podrás verlo. La masa restante de la estrella de neutrones se conserva, por lo que ya no puede producirse una fusión nuclear. Continúa volando, hace travesuras, se fusiona con otros objetos o su destino le espera en la masa SL, a la que pertenece, para volver a empezar en algún momento con más masa.
Las supernovas son probablemente eventos bastante raros, en los que dos estrellas de neutrones (o masas SL más pequeñas) chocan con mucha fuerza gravitacional. Muchas de estas masas SL más pequeñas se encuentran en todas las galaxias. Se trata simplemente de trozos más grandes que no entraron en la fase de fusión nuclear porque todavía tienen demasiada gravedad propia. Todos los demás fenómenos que ocurren en una galaxia pueden identificarse y aceptarse con credibilidad según el análisis del flujo de energía descrito. Las supernovas son, por tanto, objetos que causan estragos en la frontera entre las estrellas de neutrones y los soles o pequeñas masas SL y nos alegran con respetables fuegos artificiales en el cielo. No creo que sea nada más que eso. Con este concepto de pensamiento, nunca hay planetas con sustancia atómica fuera de un sistema solar. Cuando un sol se quema para formar una estrella de neutrones, su sistema solar siempre queda destruido. Esta materia luego se ubica en las nebulosas para ser absorbida más rápidamente por la masa SL. Dado que nuestro Sol también correrá este destino, como todos los demás, este proceso de disolución es una acreditación eficaz para migrar rápidamente de regreso a la masa SL, o las estrellas de neutrones se encontrarán y tal vez creen una supernova, y por lo tanto también más rápido. ser absorbido. Éstas son algunas huellas de energía de las que casi no se puede concluir nada más. También puede haber algunos fenómenos ilógicos entre las galaxias que no se pueden clasificar o para los que no tenemos consideración. Si miras una galaxia hasta el más mínimo detalle, entonces, de alguna manera, todo tiene derecho

a existir para funcionar sin problemas siguiendo el rastro de los flujos de energía.

26.) Arquitecto de la formación de brazos en espiral.

La edad de nuestro universo se fecha en 13.800 millones de años. Esto no puede estar bien. Esto definitivamente debe ser cuestionado, porque esta edad no es la de todo el universo, sino sólo la de nuestra galaxia: se estima que la Tierra tiene hoy unos 4.500 millones de años debido a la desintegración de isótopos, que se considera un sólido compacto. La creación se ha enfriado. Si no fuera como digo, todas las galaxias tendrían que tener más o menos el mismo tamaño y las mismas etapas de desarrollo, pero no es así, de hecho algunas apenas están comenzando a desarrollarse, otras apenas se están disolviendo. Incluso se han formado estructuras de galaxias, lo que claramente se debe a una larga etapa de desarrollo. Pero esto también es típico de nuestros eruditos, como siempre lo ha sido. Estamos en el medio, como la visión del mundo geocéntrica, el sol gira alrededor de la tierra, la tierra es plana, luego es un Big Bang para todo, ahora el universo también se está expandiendo, la lista puede seguir y sigue, sale Hocus Pocus, al final. A esto también se le puede llamar pensamiento estrecho de miras. Porque somos sólo uno entre los billones de Tierras que hay en el universo, y seguimos contando. Esto no fue hecho sólo para nosotros, y no somos como en el siglo I o II, donde todo giraba alrededor de la Tierra.
¡La edad del universo tampoco es de 13,8 mil millones de años! Se pueden insertar números aquí y te mareará. Esta es una de las muchas pruebas lógicas que hacen que la teoría del Big Bang (para todo el universo) tenga que ser rechazada, o mucho peor: es simplemente absurdo pensar tal cosa. Es mejor permanecer en silencio y aceptar la ignorancia en lugar de hacer volver la cabeza a tanta gente. La edad de una galaxia se puede estimar aproximadamente a partir de los brazos espirales de varias galaxias. Sólo con la orientación de las energías que se dan en una galaxia de principio a fin se podrá hacer un análisis de esta interesante y bella forma de brazos espirales. Dado que toda galaxia, por grande que sea, tiende a formar un brazo espiral, también se debe suponer una constante de formación del brazo espiral. Esto es similar al sistema solar con la misma herramienta de

fuerza gravitacional de la materia desconocida. Aquí es donde se reúnen todos los parámetros para formar este fenómeno. En mi opinión, esta formación de brazos espirales contiene todas las pruebas necesarias para una formación de galaxias autosuficiente y no, como se supone científicamente, el Big Bang para todo el universo. Al principio se produce el pequeño Big Bang o mejor dicho, el Big Bang galáctico, cuando dos masas SL detonan, colapsan o explotan juntas. Aquí se extiende una nube caliente de millones a mil millones de grados con fragmentos de masas SL a miles de kilómetros por segundo. La expansión dura hasta más de 300 millones de años, dependiendo del tamaño de la masa base de las dos masas SL. Esto da como resultado un retorno relativamente rápido al punto central utilizando una nueva masa SL. Aproximadamente el 30% de las dos masas de SL se encuentran en la envoltura como una nube de gas brillante con un diámetro de >50 mil a <1 millón de LJ. Nuestra galaxia tenía quizás entre 150 y 200 mil LJ de diámetro cuando era una galaxia elíptica redonda. Para lograr esta expansión, se podría estimar una velocidad media de la nube de gas de unos 2-3 millones de km/h, inicialmente de 4-5 millones de km/h.
El choque dura millones de años, y cada vez más soles siguen a los que ya se habían adelantado. Esta cinta de distribución se puede escalar en varias etapas. Los primeros 1-3 escuadrones son llevados al espacio gracias al alto impulso inicial y no regresan a la galaxia más tarde. Los otros escuadrones encuentran su rotación orbital a través de muchos obstáculos, por lo que su velocidad también se reduce. Debido a las diferentes fuerzas gravitacionales, en esta estructura básica de miles de millones de años se producen muchas colisiones hasta que finalmente se alcanza la forma de un disco. Cada galaxia tiene diferentes brazos espirales, al igual que los humanos tenemos diferentes huellas dactilares. Esto por sí solo muestra que la galaxia se formó de manera diferente. Durante el choque tienes que pensar en este caos y jugar con todas las variantes, entonces siempre terminas con la construcción del brazo en espiral. Todo esto tiene su significado y debes dejar que esa inteligencia natural se derrita en tu boca sin tragarla. El tiempo que nuestro universo ya ha tenido y tendrá, nosotros como seres humanos vivimos en menos de un tiempo de Planck. En los primeros 3 mil millones de años, más de la mitad de los soles salientes son reabsorbidos en la masa SL. Esto afecta principalmente a los soles que estaban encima y debajo del futuro disco: las fuerzas de atracción aquí son demasiado fuertes y la galaxia no quiere tolerarlas allí. Esto se puede observar a pequeña escala en nuestra Tierra con la aurora boreal.

Se dice que un fenómeno (los neutrinos) tiene una capacidad especial para garantizar este ciclo de soles, que pueden permanecer alrededor del núcleo galáctico durante miles de millones de años. Como se explicó en otra parte, los neutrinos tienen una fuerza repulsiva de sol a sol. Si no fuera así, como se explica aquí, con tantas rotaciones orbitales de los soles, se atraerían entre sí mediante sus fuerzas gravitacionales y se fusionarían entre sí.
Este fenómeno hay que verlo así, de lo contrario no hay otra respuesta. Sin embargo, en determinadas condiciones se producen colisiones, pero se puede aceptar que la tasa de accidentes es insignificante. Con esta fuerza contraria (anti-gravedad), relativa a la distancia de otro sol, se podría comparar con un sistema de dirección automático, mediante el cual no pueden producirse aproximaciones destructivas en una trayectoria paralela. También hay aquí más pruebas de que el núcleo del Sol está compuesto de materia impenetrable para los neutrinos. Si estuviera hecho de hidrógeno, como todavía se supone científicamente, los neutrinos volarían a través de otros soles, no se produciría el proceso de repulsión y lógicamente se inventan energías oscuras, lo que luego argumenta la ignorancia y postula la expansión del espacio. Incluso en el propio sol no se garantizaría una liberación precisa de energía, porque los propios neutrinos llevan a cabo la construcción y disolución de las familias de quarks y luego pueden unirse para formar nucleones, a partir de los cuales se genera energía primaria a partir de este proceso en elementos atómicos. (Q2 a N2 y luego A2).
A través de estas dos fuerzas, la gravedad y la fuerza repulsiva de los neutrinos, se forman los brazos espirales que, dependiendo de la densidad del Sol, se alinean con estructuras en las más diversas formaciones. No se pueden identificar otras propiedades energéticas. Tampoco puede haber otra posibilidad de configuración, ya que no se pueden demostrar otros flujos de energía. Este proceso se puede atribuir a aproximadamente 5 a 12 mil millones de años hasta que se formaron tales brazos espirales. (Dependiendo del tamaño) Las propiedades de estas energías de neutrinos definitivamente se pueden derivar del análisis incorrecto utilizado para identificar la energía oscura. Esto ya se ha abordado mediante otras posibles soluciones. Esta fue una explicación superficial introductoria y ciertamente no es fácil de entender. Explicaré el siguiente con ejemplos para proporcionar una mejor comprensión. Mi idea de una masa SL se enumera nuevamente brevemente en el siguiente esquema. Debido a su propia gravedad, algo casi incomprensible para nuestros estándares, la ya densa masa de 1 cm3 presiona aproximadamente 90 billones de kg o más, lo que en el volumen de una bola exactamente redonda con un diámetro de aproximadamente 5

meses luz o más . Con este tamaño se garantiza que será una masa SL, porque seguro que las hay aún más grandes. Recordamos los 5 metros en la ciudad de Madrid a la hora de comparar tallas. En relación con nuestra Tierra, esta masa es siempre de aproximadamente 1 billón o incluso más. Un ejemplo de 1: cuatrillones. El agua en nuestra tierra tiene 4 estados físicos. El más extremo es el plasma a millones de °C procedente del agua. Luego el plasma pasa a ser un gas muy caliente a enfriado, luego pasa al estado líquido y finalmente al estado sólido, el hielo. El plasma en nuestro ejemplo sería el mundo atómico a través del cual el sol se expandió, liberó y creó vida con todos los elementos. Si el plasma no fuera aspirado o enfriado al comienzo (primeros 1.000-2.000 millones de años) del colapso de la masa SL, es decir, por la masa SL, permanecería allí, no habría ningún otro lugar al que pueda transferirse esta energía. Porque la energía sólo pasa del calor al frío. (Ley de conservación de la energía) Es lo mismo en nuestra tierra. Estamos inundados por la energía del sol. Como resultado, el sol y todos los planetas están perdiendo cada vez más masa. Al igual que aquí en la Tierra, la masa SL vuelve a aspirar el plasma (es decir, el gas expandido procedente del sol) según el principio de una bomba de calor y lo comprime como en el compresor de la bomba de calor. Porque este compresor de la masa SL no tiene una mecánica como el de la Tierra. Comprime su propia masa, como el agua de nuestro mar a una profundidad de varios miles de metros. (10.000 metros de profundidad de agua = 1.000 bar). Sin embargo, la masa del SL se encuentra a unos 2^{12} km del núcleo de esta esfera con un diámetro de unos 5 meses luz. Entonces 2 billones de kilómetros. En esta zona del centro hay lógicamente presiones diferentes.

Nunca se puede saber cuándo se alcanza qué estado agregado. Cuando el plasma ahora golpea la superficie de la singularidad, es absorbido y cambia el estado del plasma a un estado gaseoso. Ahora el estado pasa de A1 a N1 y el gas se presiona en agua. (En realidad, la masa y todo en el universo se comprime, o se quitan los electrones de los átomos (esto es la muerte de la fuerza nuclear débil) Ahora puedes fantasear y asumir que de alguna manera a cierta profundidad hay tanta presión que la compresión continúa progresando. Suponemos 500 mil millones de kilómetros. Desde la zona, el N1 pasa a la compresión Q1, por lo que se alcanza la presión absoluta de la masa SL. El hielo se ubicaría entonces aquí en el núcleo. El agua es transferida a la tierra La energía se transfiere al frío y se comprime. Según este principio, sabemos que se produce un ciclo de energía y nunca puede detenerse. Si ahora imaginas una colisión entre dos masas SL súper pesadas, tienes "Imaginar esta colisión como una en la Tierra se compara con una reproducción a intervalos súper lenta. Si grabas una explosión de dinamita con una cámara y luego quieres reproducirla, la explosión puede tardar hasta 100 millones de años o más en alcanzar el anillo exterior de la explosión. Si el radio es de 100.000 años luz de ancho y los soles y pequeñas masas SL siguen la trayectoria de la explosión a aproximadamente 1,2 o 4 millones de km/h, sabemos cuándo llegarán al final. Al mismo tiempo, durante varios millones de años, estas dos masas de SL se frotan entre sí y rocían billones de pequeños trozos de la masa de SL en su entorno. Dado que cada galaxia tiene diferentes brazos, esto sólo puede atribuirse al siguiente fenómeno. Esto puede dar lugar a que pequeñas masas de SL se abran camino hacia el universo como rayos entrecortados. Inmediatamente durante el mismo período, la gravedad en la masa SL vuelve a aumentar enormemente. Los soles que se convierten en soles pueden empezar a formarse dependiendo de su tamaño y con la anti-gravedad a través de los neutrinos pueden encontrar la formación. Así, la gravedad de la masa SL, el sol y los neutrinos pueden formar una coordinación perfecta entre todos los soles y todos los materiales. Tienes que imaginar esto en el concepto general para poder entenderlo. Como resultado, cada galaxia pierde una parte de su masa cuando se forma, que luego es devuelta por otras. Esto crea estructuras galácticas similares a telarañas. Los que podemos observar hoy tienen billones o más de años a sus espaldas porque este motor nunca se detiene. Resulta un tanto absurdo creer que el universo comenzó hace 14 mil millones de años. A continuación presentamos una breve lista de lo que debe desaparecer de nuestra cabeza para que podamos volver a pensar con claridad.

Agujeros de gusano, 11 dimensiones, formación instantánea de estrellas, agujeros blancos, formación instantánea del sistema solar, expansión espacial, teoría del Big Bang para todo, universos paralelos, energías oscuras, materia oscura, neutrinos fantasmales, curvatura del espacio-tiempo, radiación de Hawking, teoría del radio de Schwarzschild, teoría del espacio-tiempo , la teoría de súper cuerdas, todo lo relacionado con la constante de Hubble, la paradoja del agujero negro, la radiación de fondo, ciertamente hay algunos más que agregar, pero mi exposición aquí en este libro simplemente destruye todos estos fenómenos imaginativos, ya que solo hay una explicación para una galaxia. formación. Por lo tanto, cada teoría propuesta debe probarse primero según la ley de conservación de la energía y las condiciones marco físicas. Cada expresión enumerada fallaría o fallaría.

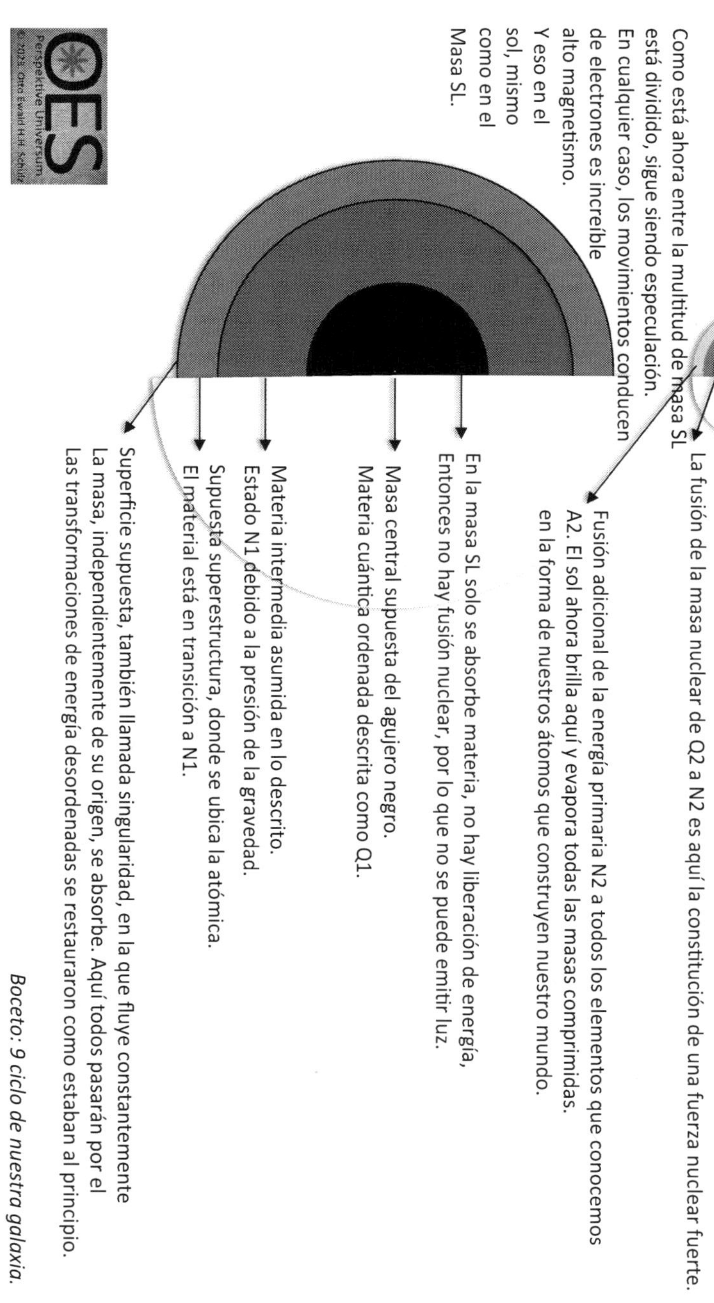

Bosquejo: 9 ciclo de nuestra galaxia

El universo de la perspectiva de la fórmula
revela la cosmovisión del universo visible.

26.1.) Comparación entre una bomba de calor y una galaxia.

Este principio se puede comparar muy bien para comprender aún mejor la masa SL. Porque todo en el universo se origina a partir de esta masa. Suponemos que la masa SL es lo más importante, al igual que el compresor en una bomba de calor. La masa SL atrae todo lo que se mueve a su alrededor, al igual que el compresor, que aspira la mezcla de gases del evaporador. ¿Qué hace la masa SL con toda la materia absorbida? Lo comprime con su propia masa mediante la fuerza de gravedad, resultante de su alta gravedad. El compresor hace lo mismo: comprime la mezcla de gases y aumenta así la presión en el lado de expansión. Esto también sucede en la masa SL, que simplemente se desplazó en el tiempo a lo largo de miles de millones de años. Entonces, lo que sucede en el SL durante muchos años es lo que el compresor hace constantemente cuando funciona. Entonces, la pequeña diferencia desplazada en el tiempo es solo la expansión de la masa SL. Como ya se ha explicado, esto sólo puede deberse a una colisión, que también ocurre con el compresor durante el funcionamiento. Si esta masa SL se distribuye en billones de pequeños trozos, se puede comparar con la expansión de la válvula en el circuito de la bomba de calor. Con los billones de pequeños soles y masas SL que luego se distribuyen en órbita, comienza la evaporación de los soles, al igual que el gas detrás de la válvula de presión de una bomba de calor, es decir, el gas se expande y vuelve a su forma original. Los soles hacen lo mismo, producen sus sistemas solares, crean vida y en el evaporador donde se expandió el gas nos proporciona un agradable enfriamiento en los días de altas temperaturas. Así, el ciclo se reinicia con la llegada de los soles expulsados después de que su suministro de energía de la masa SL haya expirado. La única diferencia está en el tiempo de caducidad entre los dos sistemas comparados. Dado que el sistema de bomba de calor debe ser un circuito de bomba de calor completamente cerrado, también se puede decir que existe un circuito cerrado con una extensión de aproximadamente 100.000 mil millones de años luz. Hasta allí llegaron los neutrinos con su energía de impulso. Esto también ocurre con todas las demás galaxias, lo que finalmente conduce a estructuras galácticas interesantes. Con estas pautas, ustedes, queridos lectores, podrán desarrollar aún más sus propias ideas, utilizando todos los parámetros de las energías conocidas que se han enumerado aquí.

27.) Nube de Oort.

La nube de Oort, con su radio actual de aproximadamente 1-1,5 años luz y más, medida desde el Sol, probablemente se alejará lentamente del Sol y en algún momento se alejará del campo gravitacional del Sol. Originalmente imaginé que la nube de Oort se formaría por el efecto de condensación a 4-5 horas luz del sol (¿tal vez un poco menos? Pero definitivamente en relación con el tamaño del sol), porque hasta el día de hoy continúa alejándose más lejos. . Causado por un pulso del viento solar cuando el espacio alrededor del sol se enfrió (radio 4-5 horas luz) y el viento solar con energía de reposición actuó sobre la nube de Oort para causar un pulso. Este fue el momento en que el espacio se enfrió desde un radio de aproximadamente 5 horas luz y continuó enfriándose, lo que continúa hasta hoy. Esto sucedió hace unos 6.000 o 7.000 millones de años. Aquí el lugar y el momento para que un estado agregado formara los primeros trozos de materia en estado líquido eran óptimos. Dado que la energía siempre pasa de caliente a fría, este proceso es comprensible. La materia que se formó provino de las sustancias del viento solar, que estuvo atrapado en el ambiente más caliente durante miles de millones de años y fue el material de construcción de nuestros planetas y lunas. Dado que una presión más alta busca compensar una presión más baja, no hay ningún otro argumento que pueda hablar en contra del hecho de que aquí surgió un impulso para la nube de Oort. Por lo tanto, la presión externa convirtió la nube de Oort en una capa protectora a través del efecto de condensación. Las condiciones para una condensación óptima no podrían haber sido mejores en los primeros mil millones de años después del accidente: la presión con la temperatura del viento solar en el espacio era alta y la temperatura del espacio que rodea al viento solar era mayor, por lo que hubo un Igualación de presiones desde el interior hacia el exterior Sólo es posible que el impulso surgiera aquí y empujara la nube de Oort hacia el exterior. Sin embargo, este principio sólo funciona si la presión interna aumenta y al mismo tiempo la temperatura externa disminuye con la presión. Se necesitan miles de millones de años para llegar a este punto . Ahora determine la distancia actual de la nube de Oortsche de aproximadamente 1,2 años luz y calcule la velocidad del pulso. 10 billones de kilómetros corresponden a aproximadamente 1,2 años luz, que se dividen entre 6 mil millones de años, luego se obtienen 1.660 km/año y luego se excluyen con una velocidad de pulso de aproximadamente 150 metros/h durante un período de condensación de aproximadamente mil millones de años, porque eso El ancho o espesor de la nube de Oort es de 0,2 a 0,3 años luz. Dado que la nube de Oort se formó como una bola protectora alrededor del sistema solar, la gravedad del sol no influye en la formación del disco, como lo hizo con éxito el sol en los planetas desarrollados posteriormente. ¿Es esto sólo una feliz coincidencia o este proceso puede incluirse en el sistema solar de forma constante? No, esto no es una coincidencia, es un plan perfecto. Este proceso de condensación debió continuar durante miles de millones de años debido al espesor de la nube de Oort. Sólo entonces la densidad de condensación alcanzó el nivel cercano a la formación del disco resultante; de lo contrario, los trozos del cinturón de Kuiper también habrían terminado en la nube de Oort.

28.) Ciencia de la fusión nuclear del reactor de fusión nuclear.

En algún momento en el futuro cercano, la ciencia de la fusión nuclear experimentará un shock, porque mis declaraciones probablemente no podrán detener estos grandes proyectos de reactores de fusión nuclear en una generación. Esto no sólo pone patas arriba a la ciencia, sino que incluso resulta ridículo y sin mi intención, porque aquí (no sólo en el proyecto ITER en Francia sino también en todo el mundo) nuestra ciencia intenta construir una máquina de movimiento perpetuo. ¡Sabemos que esto no funciona! Vivimos en un mundo atómico donde la energía sólo se puede convertir. El uranio y el plutonio también se fusionaron como núcleos atómicos utilizando mucha energía y liberan esta energía previamente aplicada mediante fisión. No es una generación, sólo una transformación con un regusto amargo en la división de los átomos.
Así que al reactor de fusión nuclear sólo se le puede negar su capacidad ilusoria, me duele el alma, pero no se puede obtener energía ilimitada a través de una quimera. Hay un candado ahí, tienes que verlo. La ley de conservación de la energía simplemente no lo permite. Aquí, los científicos de alto rango deberían reflexionar detenidamente sobre mis pensamientos. El secreto se esconde en el centro de gravedad de la fuerza nuclear débil y fuerte: con la liberación de la energía de unión del 1.º Q2 a N2 y del 2.º N2 a A2, ¡esta energía primaria es necesaria para futuros procesos de fusión nuclear! Ya no los tenemos en la Tierra, sólo existen en el sol. En nuestro caso, el plasma debe construirse a 100 millones de grados de la energía convencional para luego controlarlo con un fuerte magnetismo. Esto es parte de la energía primaria.

Muchos consultores, científicos y responsables, así como representantes políticos de todos los países tienen grandes expectativas desde hace unos 50 años con esta tecnología de fusión nuclear, de lo contrario no se habrían invertido cientos de miles de millones de euros en investigación. Suena prometedor, pero las apariencias engañan. El sol no está hecho de hidrógeno. Un simple análisis erróneo conduce a un fiasco. Una creencia falsa conduce a inversiones increíbles con altas expectativas, porque ¿quién invertiría si no hubiera expectativas? Para cambiar el rumbo hacia las energías renovables, primero hay que descartar estas ilusiones de la energía de fusión nuclear.

Estamos hablando aquí de energías renovables de diversos tipos que se pueden utilizar en nuestra tierra; solo provienen del sol y solo en el momento de su presencia. ¡Todos lo sabemos y no es nada nuevo! El intento de crear una máquina de movimiento perpetuo ha sido el sueño de la humanidad durante cientos de años, pero hoy en día la oficina de patentes ya no acepta esas ideas. Ya no se puede discutir más, es sencillamente absurdo. ¡Incluso el Gran Da Vinci lo intentó y no funciona de ninguna manera! ¿Pero qué sabía él hace tantos años? Porque vivimos en un mundo en el que las energías vinculantes de los átomos se encuentran casi en la etapa final de interacción. Las excepciones aquí en la Tierra son los elementos radiactivos con sus radiaciones alfa, beta y gamma. Para entenderlo mejor y evaluar mejor estas desagradables radiactividades, echemos un vistazo a la curva de nucleidos de los elementos. Rápidamente se nota que desde el hidrógeno más simple hasta los elementos más complejos, sólo los protones y neutrones con diferentes electrones suben a la cima de la curva de nucleidos. Esta formación de los más diversos elementos no es una coincidencia y no está disponible simplemente bajo el sol. Para crearlos, se debe liberar energía vinculante. Esto significa que la energía que se libera cuando un átomo se divide es al menos la misma energía que los unió. Las energías originales, es decir, las energías primarias antes de la fusión nuclear, van desde el átomo de hidrógeno hacia arriba, no son todos los átomos en la curva de nucleidos. Como ejemplo comprensible, imaginemos que el núcleo del Sol está formado por partículas elementales que no pueden verse individualmente con un microscopio electrónico. Cada partícula elemental pertenece a la familia de los quarks. Hay algunos que son incluso más pequeños. (ver neutrinos) A partir de estas diminutas partículas se forman pequeños nucleones redondos, que liberan energía para unirse. Cada nucleón es un protón o un neutrón. Los electrones corretean entre todos estos nucleones. A través de teorías puramente aleatorias se forman todos los elementos posibles y así se pone en marcha un amplio espectro de desintegraciones beta positivas y negativas. Estos nucleones tienen la energía de enlace comprimida de la capa atómica anterior antes de que se acumularan en la masa SL. Si se libera esta interacción de energía de enlace y se puede formar una capa atómica, se crea un nuevo átomo y en este proceso se libera más energía que la que se produciría posteriormente en el caso de otra fusión nuclear de hidrógeno a helio. En otras palabras, esta es la presión de compresión de energía (compresión gravitacional de la dinámica cuántica) que fue necesaria para comprimir un cm^3 de un km^3. Esta es la energía primaria que falta en un reactor de fusión nuclear en la Tierra. Dado que este átomo de hidrógeno es el más simple, también es el que más se produce. El helio está estrechamente relacionado con esto y se convierte en átomo de helio mediante la fusión nuclear con hidrógeno H^2 y H^3, entre otras cosas. Esta energía vinculante se expresa en el sol a través de diferentes energías.

De ahí que surjan dos fuerzas básicas diferentes, por un lado la fuerza nuclear débil y la fuerza nuclear fuerte, sin 1.ª y 2.ª energía de enlace, sólo para definir los núcleos atómicos con sus electrones. Como sólo existen en el mundo atómico y como los conocemos en nuestra tierra. Repelidos por el viento solar, llegan incluso a nuestra Tierra a través de la aurora boreal y caen a nuestra Tierra en forma de átomos y moléculas. Más del 99% de este viento solar regresa a la masa SL de la galaxia a través de la heliosfera. Durante los primeros 8 mil millones de años, este viento solar fue capturado por el espacio más caliente con la protección de la nube de Oort, a partir de la cual se formaron los planetas.

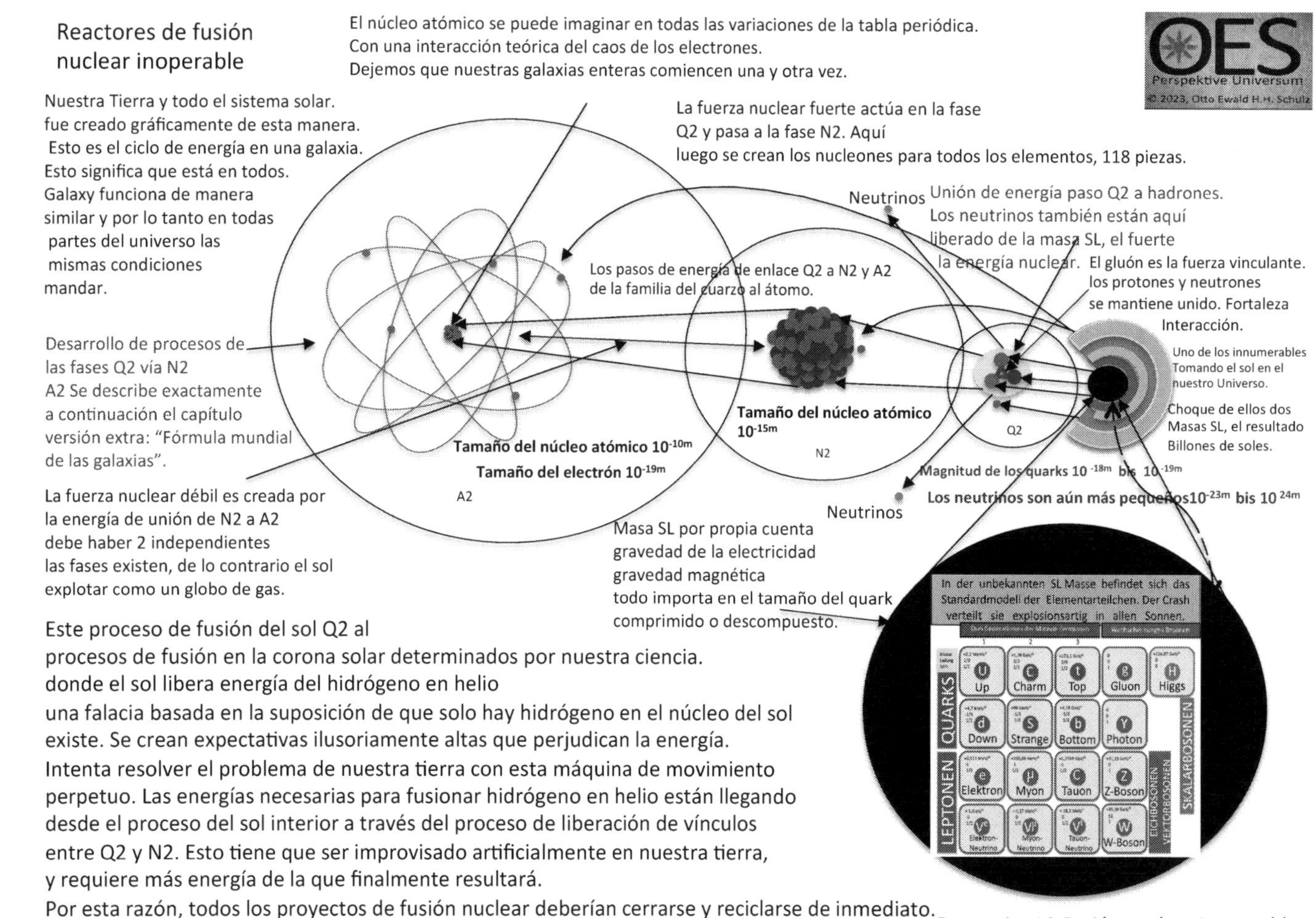

Bosquejo: 10 Fusión nuclear inoperable

El universo de la perspectiva de la fórmula
revela la cosmovisión del universo visible.

29.) Energía de neutrinos ¿Ciencia ficción del futuro o realidad?

Si nos fijamos en algo como los neutrinos, se trata de un desarrollo de esta tecnología que se puede comparar con el primer código Morse en un teléfono inteligente. Así que hoy estamos en la era del código Morse de neutrinos. Surge la pregunta: ¿adónde nos puede llevar la tecnología de neutrinos?
Ya tengo claro que no necesito esperar los 5 años de análisis de datos de medición de Katrin (escalas de neutrinos), los neutrinos tienen masa, ¡eso es seguro! Aunque puede que sólo sea 1 eV/neutrino, no importa en absoluto, pero al final suman decenas de miles de millones por cm^2 por segundo. Gracias a la fórmula mundial que he creado, sé con qué energías nos enfrentamos realmente en la corona solar o en el núcleo solar. La constante lumínica y térmica de la producción de energía del sol llega a la atmósfera exterior de la Tierra con 1.367 vatios/m^2. La energía de los neutrinos es más de 1.000 veces mayor. Por supuesto, esto parece inverosímil al principio, pero no es improbable. El requisito previo es el proceso constante entre la liberación de la primera energía de enlace. Q2 a N2 (ver materia desconocida) Aquí se libera permanentemente mucha más energía que en el proceso de fusión nuclear entre hidrógeno y helio, lo que también contribuye a ello. Porque todas las desintegraciones +ß y –ß en el Sol enriquecen la mayor proporción de neutrinos alrededor de la curva de nucleidos estables. Originalmente, los neutrinos no estaban destinados a permitir a los humanos extraer energía de ellos en forma directa de corriente eléctrica. ¿O tal vez como un doble efecto? Aquí tienes que volver a ver la galaxia como un todo, con todos sus soles ubicados en una galaxia. Imaginemos dos galaxias en su magnífica forma, Andrómeda y nuestra Vía Láctea. Ambas galaxias todavía están separadas por unos 2,5 millones de años luz. Ambas galaxias se han identificado entre sí gracias a su gravedad y corren una hacia la otra, pero los neutrinos las frenan. En algún momento el punto entre la fuerza de atracción de ambos y la fuerza de repulsión de la interacción del neutrino actuará sobre las masas de los demás soles de las galaxias. Cada una de las dos galaxias inevitablemente arroja neutrinos hacia la otra y, a través de esta eyección de masa, empuja los neutrinos hacia los otros soles. Con suficiente imaginación, este efecto también puede interpretarse como energía oscura. Dado que los soles tienen una masa central de singularidad absoluta, los neutrinos no pueden volar a través de esta masa; en nuestro caso, en la masa atómica de los planetas, vuelan a través de la alta porosidad de las capas atómicas. Esta es una prueba una y

otra vez de que el Sol no puede estar hecho de hidrógeno. Por lo tanto, las dos galaxias se empujan entre sí desde un cierto punto muerto. Sólo cuando una galaxia muere pueden volver a encontrarse 2 masas SL. Los neutrinos mantienen a las dos galaxias a distancia porque a cierta distancia este efecto es más fuerte que la gravedad, momento en el que se alcanza el punto muerto entre las dos. Para comprender mejor este ejemplo, sujete una manguera de agua con el chorro sobre una lona de plástico; la lona de plástico queda apartada. (Chorro de agua = neutrinos, lámina de plástico = masa SL y núcleos solares) Lo mismo sucede en el sentido opuesto en la otra galaxia. Por ejemplo, la lona de plástico es la masa nuclear solar, el tamaño del neutrino es de 10^{-24m}, frente a la singularidad absoluta de la familia de los quarks, que no permite volar a través de esta masa densa. O sujetar la misma manguera de agua sobre una red de malla gruesa, la red (red = capas atómicas) no se mueve, el agua vuela sin obstáculos, aquí el tamaño del neutrino es de 10^{-24m} frente a una masa atómica de 10^{-9m}. La red de malla gruesa es el mundo atómico de capas atómicas en el que vivimos. El neutrino es 1.000.000.000.000.000 de veces más pequeño que una capa atómica. Verá, la red de malla tosca es un eufemismo tremendo y sólo sirve para ayudar a la comprensión. En realidad, si un neutrino fuera del tamaño de una pelota de tenis, la malla de la red tendría 7 mil millones de kilómetros de ancho. Esto ya ha sido explicado. Dos veces es mejor que nada. Los neutrinos mantienen a distancia este acercamiento de las dos galaxias hasta que todos los soles hayan regresado a la masa SL durante miles de millones de años. Este proceso funciona como un reloj perfecto y se fusiona unas con otras, por lo que rara vez se ven galaxias mezclándose entre sí, sólo en simulaciones por ordenador programadas incorrectamente. Lógicamente, en tal estado sería posible observar entre el 15 y el 20% de las galaxias, o incluso más. Por tanto, no habrá mezcla de galaxias hasta que todos o casi todos los soles hayan sido acreditados. Es sólo una cuestión de seguimiento de energía legible. Cualquiera que entienda este sistema está en el buen camino.

Esta energía permanente de los neutrinos se encuentra en todas las zonas del espacio, pero con diferentes intensidades. La concentración de neutrinos disminuye proporcionalmente con la distancia, al igual que la radiación térmica y la intensidad de la luz. El mismo efecto se produce también en la propia galaxia, donde los soles se alejan entre sí de modo que no pueden chocar, pero sólo se produce cuando la dirección de vuelo es paralela; no hay solución para un rumbo de colisión. Este efecto no tiene nada que ver con la materia oscura, que funciona de manera un poco diferente. (ver materia oscura)

Para hacer que la era del código Morse de los neutrinos sea un poco más emocionante para tiempos futuros, se estimula mi imaginación. Ya existen láminas para captar corrientes que aún no son eficientes para el aprovechamiento de la energía eléctrica. Una vez que nace una idea y la investigación no se detiene hasta poder extraer de ella el máximo flujo de energía, quizás vuelvan a pasar 100 años, pero ¿cuáles son esos breves tiempos en la era de nuestra tierra que está por llegar? Aunque personalmente creo que ni siquiera podemos transportar un material de este tipo aquí para generar energía eléctrica, esto debería ser ahora un escenario teórico, en la práctica es IMPOSIBLE. ¿Con esta tecnología las versiones de ciencia ficción se convierten en hechos reales? Con esta energía de neutrinos, los coches pueden volar sin tener que repostar combustible, e incluso son posibles velocidades supersónicas mediante la producción directa de hidrógeno en el vehículo. Incluso con poca imaginación se puede volar a otras estrellas, lo que sería imposible sin esta fuente de energía en tu forma de pensar. Aquí se abre un nuevo capítulo y posibilidades sin precedentes conducen al desafío de la tecnología de neutrinos. Con la computadora cuántica o su sucesora, estoy más convencido de que los humanos crearán una interfaz con el hipotálamo para los humanos e impondrán la vida eterna mediante la manipulación hormonal. Por ejemplo, una persona viviría normalmente hasta 30 años y luego, mediante la manipulación de las hormonas, su edad biológica se restablece a 20 años, que luego va y viene hasta el infinito. Pero eso es sólo el comienzo. La cuestión de si ya sabemos cómo surgió el universo sigue abierta. A menos que haya otras ideas, lo que lleva a la ciencia a tomar el rumbo, porque primero siempre hay una idea, que luego se discute y por supuesto se critica, lo que lleva al progreso.

Pero volvamos ahora a la energía de los neutrinos. Lo que pienso ahora sobre los neutrinos es algo en lo que nadie había pensado antes, porque en la naturaleza todo tiene un significado, por qué funciona como funciona y para qué sirve. Sólo pensamos en la radiación solar, sin ella la vida no habría surgido. Los neutrinos se crean mediante desintegración beta + y beta – en las capas inferiores hasta la corona solar. La explicación de la posible distancia a otros soles y galaxias es una posible estructura energética que puede surgir aquí. Lo que es aún más probable lo demuestra la producción súper constante de energía del Sol.

La escala más precisa del mundo; Esto es más que una obra maestra, ¡INCREÍBLE! https://youtu.be/1w_B0xeR3jo?si=c_i51meYm3IKIcsJ
Entonces, si el sol estuviera hecho de hidrógeno, se producirían fluctuaciones e incluso podría conducir a su destrucción total. Es un sistema demasiado inseguro para quemarlo. Debe haber algo más: el hidrógeno y el helio como energía primaria del sol simplemente no son posibles.
El proceso de fusión nuclear comenzó poco después de que el Sol se separara de la masa SL y se encendiera debido a la enorme temperatura (< mil millones de °C), porque también adquirió su propia gravedad, es decir, se liberó de la presión gravitacional absoluta. En el mismo momento comenzaron las fusiones nucleares con las desintegraciones beta y ahora sucede: "Los neutrinos comenzaron su trabajo de repelerse de los otros desechos (soles y masas SL pero mucho más pequeños), pero también con el bombardeo de neutrinos hacia su propio sol. disparar". Se puede imaginar como un soplador de chorro de arena que golpea el núcleo del sol desde todas las direcciones y con una distancia corta, es decir, con alta intensidad, desde la corona solar hasta el núcleo del sol. No queda nada más, porque entre el 30 y el 40% de cada desintegración beta llega al núcleo del sol. Los neutrinos restantes son emitidos por el sol. El núcleo del Sol tiene una singularidad absoluta, es decir, todas las partículas elementales están fuertemente comprimidas en simetría pura por el Sol que anteriormente se encontraba en la masa SL, los neutrinos no pueden volar a través de esta masa impenetrable para los neutrinos. La gran cantidad de estos neutrinos crea aquí un sistema de solución seguro, en el que las familias de quarks se unen a partir de su masa altamente comprimida a través de la segunda energía de enlace y forman neutrones y protones como un nucleón. Por ejemplo, en términos de comprensión, este proceso se puede comparar con la quema de madera en nuestro planeta. Cuando los comparas, obtienes una sensación de paridad. La masa del sol fue comprimida por la gravedad en la masa SL y la madera fue producida de manera compresiva por la energía del sol a través de la fotosíntesis. Ambas energías almacenadas en una proporción de aproximadamente 10^{18}:1 unidades. Incluso el encendido podría compararse con el sol durante un accidente con una temperatura increíblemente alta. Quizás incluso con la misma proporción de las dos unidades. La situación no es diferente con la madera: aquí tampoco basta con una sola cerilla. Primero se deben alcanzar temperaturas (150°C) para que el gas pueda escapar de la madera para quemarla. Al quemarse, lo primero que se produce es la formación de nucleones, que se puede equiparar con la formación de gas caliente en el interior de la madera.

El universo de la perspectiva de la fórmula
revela la cosmovisión del universo visible.

En el primer paso de unión a la capa atómica con la secuencia de fusión nuclear en el Sol se produciría la conversión molecular de carbono con oxígeno en dióxido de carbono en el proceso de quema de madera, en este caso el fuego abrasador. En ambos casos la energía se libera en la misma proporción. La iniciativa regulada para la liberación continua de energía también tiene un comportamiento idéntico. Por un lado, en el Sol a través de los neutrinos que bombardean el núcleo del manto y en la madera a través del oxígeno en el entorno de la madera. Si aumentaras el suministro de oxígeno a la madera, ardería más rápido y con más fuerza. Es probable que este proceso tenga un efecto similar en el Sol al aumentar más neutrinos al núcleo solar. Los neutrinos regulan un proceso de formación de fusión continuo y seguro. Probablemente no pasará mucho tiempo antes de que este fenómeno se confirme científicamente. (El suministro de neutrinos entonces no estaría disponible para la estrella de neutrones) (Entonces faltaría oxígeno para el carbón vegetal) Los resultados de la investigación pueden estar ya muy cerca. Pero una y otra vez se están haciendo nuevas inversiones con el dinero de nuestros impuestos en la desesperada fusión nuclear. Este hecho refuta finalmente el intento de los físicos nucleares de generar energía a través de reactores de fusión nuclear en nuestra Tierra. (como ejemplo ITER en Francia, inversión de dos dígitos en miles de millones)

30.) Consumo de energía a nivel mundial por año.

El cambio climático no es sólo un tema que da vueltas en todo el mundo desde ayer: para convencer también aquí a los escépticos, se puede decir: ¡Deshagámonos de los combustibles fósiles lo antes posible! Estos compuestos de carbono tan importantes no deben quemarse tan fácilmente; quién sabe para qué los utilizaremos en un futuro lejano. Los activistas cada vez más fuertes a favor de una transición energética están instando a los políticos a actuar. Aunque todavía hay suficientes responsables políticos que no quieren ver este proceso, estas actitudes egoístas influirán en las responsabilidades de todas las naciones. Sólo conceptos inteligentes con pocas o ninguna pérdida económica para los países afectados pueden aliviar a los últimos pensadores laterales. En general, la razón avanza constantemente, pero en proyectos muy grandes nunca se llega a conclusiones totales. La ONU podría formar aquí una jerarquía global para controlar el proceso de destrucción provocado por la liberación de energía fósil para que el desvío hacia las energías renovables tenga éxito, debe ser muchas veces mayor que la expansión actual de la energía primaria en todo el mundo, para que en algún momento pueda producirse una compensación. Me refiero al consumo de energía actual de 200.000 tera-vatios/h al año en todo el mundo + una expansión/año de aproximadamente el 3-4%, que es (¿sólo?) requerido por toda la humanidad. Por lo tanto, al menos 6.000-7.000 tera-vatios/h de energía renovable producida en electricidad, calor y frío al año deberían convertirse de forma ecológica en energías renovables. Así se instala claramente mediante energía fotovoltaica y absorción de infrarrojos, así como energía fría. La energía eólica se presenta con una alta resistencia ecológica, al igual que las turbinas eólicas marinas, debido al complejo proceso de reciclaje posterior y la amortización tardía, acompañada de altas pérdidas de energía para el consumidor. La sostenibilidad de estos sistemas no tiene futuro. Estas instalaciones son un legado de protección ambiental para las generaciones futuras. Como ya se ha explicado en otras secciones, la fusión nuclear para generar energía no puede suponer un remedio para la energía fósil. ¿Por el momento sólo queda la energía del neutrino en el proceso evolutivo con un resultado espectacular? No estoy convencido de que en algún momento se produzca un gran avance, por lo que comparto la opinión de los físicos de que probablemente no pueda funcionar en la práctica. Más sobre esto en Neutrino energía para formarse su opinión. Todos los demás tipos de energía renovable están agotados o pueden utilizarse de forma limitada, pero su producción nunca alcanza el rango de tera-vatios y, por lo tanto, no resulta interesante para el concepto general de marcar la diferencia en el cambio climático.

31.) De energías renovables a combustibles fósiles.

Para que todo el mundo entienda lo que esto significa, actualmente se están instalando en todo el mundo sistemas de energía con una potencia de menos de 100 tera-vatios/h al año. Sin embargo, la expansión global de la energía primaria es entre 70 y 90 veces mayor, lo que significa que el consumo de combustibles fósiles lógicamente debe aumentar rápidamente. Por ejemplo, tendrías que subirte a un tren que viaja 70 veces más rápido de lo que tú puedes correr. Para un velocista que viaja a 35 km/h, eso significaría alrededor de 2.000 km/h que tendría que alcanzar. ¿Cómo se supone que funciona?

El universo de la perspectiva de la fórmula
revela la cosmovisión del universo visible.

A continuación se ofrece una breve descripción de las cantidades de combustibles fósiles que se convierten en diferentes tipos de energía en todo el mundo cada segundo.
140m^3 de petróleo/sec. 280m^3 de carbón/sec. y aproximadamente 140.000m^3 de gas natural/sec. donde el gas natural tiende a aumentar más rápido y el carbón se desacelera un poco, pero ambos finalmente se expanden.
Esto significa que las instalaciones actuales de energías renovables reducen la expansión del 3-4% al 2,8-3,8%. ¡Nadie llega así!
La transformación del desastre ecológico de la superficie natural de la tierra al asfaltado, hormigonado y tala de áreas forestales para monocultivos para la agricultura sigue en aumento. Esto es alrededor de 4.000 m^2/sec. En todo el mundo y contribuye al desastre del aspecto ecológico. El proceso de saturación del ahorro energético mediante nuevas tecnologías ha aumentado en los últimos 30 años y difícilmente puede mejorarse significativamente. Como en algunos sectores, se han llegado a los límites y la única opción que queda es intentar el fraude informático. En el sector inmobiliario todavía hay mucho potencial, que también está orientado al futuro para los sistemas energéticos. En la agricultura, debido a la salud de las personas, la tendencia ha cambiado hacia lo orgánico, lo que significa que se debe proporcionar una mayor cantidad de energía. Con la movilidad eléctrica, las emisiones de CO_2 sólo se transfieren de un rincón al otro. Esto no es beneficioso para las emisiones de CO_2 en todo el mundo. En este caso, las emisiones de CO_2 gravan a los consumidores, pero no alivian la carga sobre el medio ambiente o el cambio climático. Por el contrario, la contaminación de CO_2 en todo el mundo está aumentando debido a la movilidad de los coches eléctricos, porque la energía eléctrica no es verde, sino que se obtiene de combustibles fósiles, y las pérdidas son inevitables. Asimismo, el coche eléctrico no es el futuro per se. Hay demasiadas perspectivas negativas, siendo mi punto principal las baterías. Este sistema de almacenamiento de energía esconde problemas desde la producción hasta el reciclaje que nada tienen que ver con la sostenibilidad. La independencia de las materias primas por sí sola no puede conducir a una competencia neutral en todo el mundo.
Por eso, personalmente, abogo por la propulsión por hidrógeno, que debería estar respaldada por un propulsor eléctrico y un híbrido hasta que la tecnología esté completamente desarrollada. Lo óptimo es una autonomía máxima de 30 a 50 km. Digo esto porque en el tráfico urbano, es decir, en trayectos cortos con paradas y arranques, se puede ahorrar energía y la energía de frenado también se puede devolver a la batería, por supuesto

también en trayectos más largos con propulsión eléctrica o de hidrógeno. Si la tecnología también incluye células solares como diseño, difícilmente será posible mejorarla. El agua está disponible en todas partes y la electricidad debe ser ecológica.

32.) Solución al cambio climático.

¿Cómo se puede llegar a una solución final tan gigantesca? El monstruo en crecimiento y devorador de energía de casi 8 mil millones de personas necesita estos alimentos para sobrevivir.
En primer lugar, quiero decir que nadie aquí ha conseguido todavía acercarse a esta adquisición de energía cada vez mayor.
Además, existen otras condiciones marco ecológicas que los humanos debemos respetar, de lo contrario destruiremos por delante lo que se está construyendo por detrás.
Por lo tanto, debe ser eficiente, ecológico, funcional a largo plazo, no susceptible de reparación, utilizable en casi cualquier lugar, de rápida implementación, de fabricación industrial, ventajoso en todos los aspectos, resistente a las fuerzas de la naturaleza y, mejor aún, , se puede financiar económicamente de forma autónoma, de modo que cada constructor lo desee y sea independiente del suministro de energía. Por supuesto, esto es una espina clavada para las empresas energéticas. ¿Pero qué queremos ahora? ¿Seguir obteniendo grandes beneficios o detener el cambio climático?
Para despejar todas las dudas, para que se pueda implementar una tendencia global hacia este concepto, para que la explotación de esta forma de energía renovable sea efectiva, es necesario, como ya se mencionó, desmantelar la tecnología de fusión nuclear para centrarse en la necesidad de mejorar y detener la inversión en estos experimentos. Es necesario reorientar los recursos hacia el concepto de energía renovable.
La energía primaria para este concepto proviene directa y únicamente del sol. Las células fotovoltaicas se enfrían debajo de las células y la energía del medio se almacena en tuberías de perforación subterráneas profundas hasta 200 metros de profundidad, donde la energía se propaga y permanece. Esto dura todo el verano, excepto los días en los que se necesita calefacción y esta energía se utiliza de forma inmediata. Al igual que la energía térmica permanente del verano, la energía fría del invierno también se almacena en regiones más alejadas de la Tierra. Igual de profundo en la tierra. La

electricidad se genera de manera muy eficiente porque el proceso de enfriamiento no permite que la eficiencia de la generación de electricidad caiga aproximadamente entre un 25 y un 40 %. La energía térmica, siempre que esté disponible, se aprovecha durante todo el año, principalmente, por supuesto, en los meses de verano, y luego se utiliza en invierno sin tecnología de bomba de calor. Si la energía geotérmica cae a valores críticos, se activa la bomba de calor. Un sistema de este tipo se puede implementar utilizando nuestra tecnología en términos de tecnología de control. Temperaturas de flujo hasta un máximo de 25°C. Del mismo modo, en invierno las células solares se calientan para almacenar el frío. Esto significa que esta energía fría se utiliza en el aire acondicionado en verano para convertir energía eléctrica. Esto significa que la energía fría se puede equiparar directamente con la eficiencia termodinámica como energía eléctrica. En latitudes como Nueva York, España, Italia, Rusia, etc., no son infrecuentes temperaturas bajo cero en invierno por debajo de -20°C. En verano hay más de 40°C, donde no existe mejor eficiencia con otros sistemas.

Estos edificios ya no necesitan energía adicional, sino que, por el contrario, liberan energía eléctrica a la red. Dependiendo de la escala a la que se puedan construir estos sistemas, se apoyan entre sí. Por lo tanto, se están creando conexiones descentralizadas para garantizar el suministro durante los primeros 100 años con centrales Bio-eléctricas, centrales eléctricas de hidrógeno, centrales eólicas y otras centrales eléctricas de energía renovable. Una vez que la producción total es suficiente para el autoabastecimiento, la energía se utiliza para la producción de hidrógeno y la carga de baterías de vehículos de motor. Esto no puede evitarse como solución temporal. Esto crea centros de energía que pueden conectarse entre sí en fases posteriores. (La implementación de este concepto es el retorno desde que Rockefeller alimentó la energía fósil con su lámpara de aceite.) La ampliación de las líneas aéreas de alto voltaje sólo tendrá que utilizarse de forma limitada. Lo mejor es pasar gradualmente de la corriente alterna a la corriente continua, porque las pérdidas en las corrientes parásitas provocan un desperdicio de grandes cantidades de energía que no se pueden recuperar. Ésta es la ventaja de la corriente continua, como en nuestros coches. Casi todo en una casa que ahorra energía funciona con corriente continua. Si alguien necesita corriente alterna, existen convertidores adecuados que pueden ayudar. La implementación de tal concepto se asemeja inicialmente a la construcción de una máquina de guerra para liberarse de las cadenas de esta energía fósil. Se necesitarán generaciones, pero nuestra creatividad, que a través de nuestra inteligencia será la fuerza impulsora de esta fase innovadora, está transformando nuestra Tierra en un futuro estable y con buenas perspectivas. La destrucción causada por el cambio climático causa daños increíbles a nuestra cultura en todo el mundo y se cobra cada año más vidas, sin mencionar la agricultura, debido a períodos de sequía e inundaciones, incluidos huracanes y tornados.

Incluso la construcción de los edificios es revolucionaria y necesaria para este proceso. Esto en términos de aislamiento, tecnología interna y distribución de energía para una habitabilidad saludable. Desde el punto de vista ecológico, la máxima eficiencia se alcanza por metro cuadrado, pero aún es posible conseguir más.

Un breve cálculo de implementación proporciona información sobre el volumen de esta estrategia de supervivencia de un billón de euros. Todo el mundo sabe que, si se comprende claramente esta situación, se puede conseguir. Los humanos somos capaces de cualquier cosa, sólo hay que lograrlo a través de una alta motivación. Buscar una decisión para evitar este concepto sólo surge cuando aparece una alternativa mejor. Por supuesto, no es fácil separar una energía tan enorme de las vetas fósiles. Esto incluye todas las medidas posibles si como seres humanos queremos detener las emisiones de CO_2 y reducirlas nuevamente con energías renovables. Personalmente, no conozco otra opción como esta solución al cambio climático con este potencial. La energía fría y caliente por sí sola supera todas las expectativas y supera con creces la producción de electricidad en un factor de 5. Un aspecto importante es también el rendimiento altamente eficiente por m^2. Fotovoltaica y energía solar térmica.

Actualmente, las instalaciones de energía verde se encuentran en el rango de los tera-vatios y, por lo tanto, ni siquiera se acercan al rango de expansión en el rango de los peta-vatios.

Habría que sentar las bases aquí en Europa para que pueda extenderse a otros continentes.

Con esta solución que se perpetúa a sí misma se podrían diseñar conceptos interesantes para los futuros constructores, porque la energía es uno de los costes más caros de una casa y no sabemos lo que nos depara el futuro. Al mismo tiempo, hay que pensar en que todas las grandes empresas, que desde hace años dañan con creces nuestro medio ambiente con sus despiadadas emisiones de CO_2, se enriquezcan financieramente, todo ello a expensas del público en general. Todas las empresas y particulares ricos

deberían darse cuenta voluntariamente de que tienen que pagar la factura que nos está pasando hoy en día el cambio climático.
Si los responsables de entonces del desarrollo de la industrialización conocieran el cambio climático actual, no creo que se tomaran medidas para hacer algo al respecto. Hoy en día la medida de las cosas está alcanzada. Por eso ahora es el momento de actuar.

Colectores solares híbridos para 4 tipos de energía + eficiencia mejorada enfriando las células solares en verano con el sistema altamente eficiente Rendimiento energético.

1. Tipo de energía fotovoltaica hasta aproximadamente 250 vatios pico/m2
2. Tipo de energía solar térmica aproximadamente 300-600 vatios. 3. Tipo de energía: energía fría aproximadamente 400 vatios.
4. Tipo de energía mediante fotovoltaica Refrigeración en verano hasta un 35%+ para el Pérdidas por calentamiento (220 vatios).

Energía solar térmica
En verano y en días soleados.
días incluso en invierno.
A través de los 4 tipos de energía
aproximadamente 1100-1200 KW/m2 /pico/año

Energía fría en el hielo
crear estaciones
energía adicional para el verano y que
equivalente a la energía fotovoltaica.

Fotovoltaica

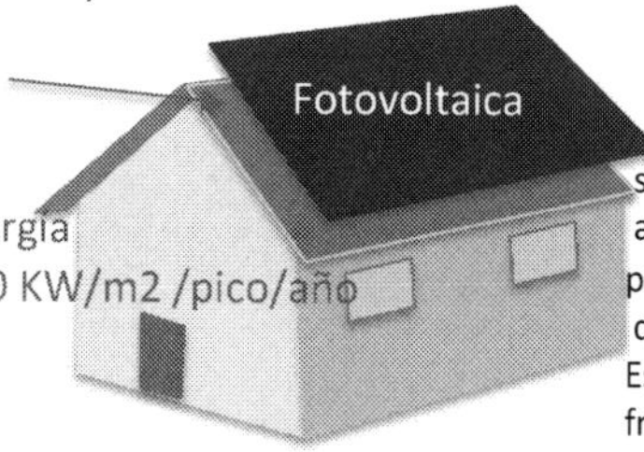

Sótano

Obligatorio para el
Las paredes exteriores
son una Aislamiento de
al menos 15 cm
proporcionados. El Liberación
de energía en la casa.
Es con aire circulante aire
fresco adicional garantizado.

Perforación profunda hasta 200 metros.

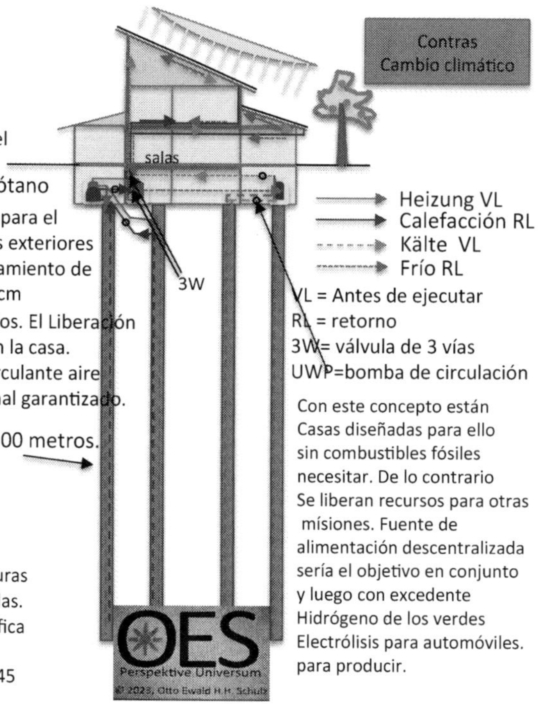

salas

3W

Contras
Cambio climático

Heizung VL
Calefacción RL
Kälte VL
Frío RL

VL = Antes de ejecutar
RL = retorno
3W= válvula de 3 vías
UWP=bomba de circulación

Con este concepto están
Casas diseñadas para ello
sin combustibles fósiles
necesitar. De lo contrario
Se liberan recursos para otras
misiones. Fuente de
alimentación descentralizada
sería el objetivo en conjunto
y luego con excedente
Hidrógeno de los verdes
Electrólisis para automóviles.
para producir.

OES
Perspektive Universum
© 2023, Otto Ewald H.H. Schub

Explicación funcional del sistema solar híbrido con energía fría para rendimiento.
Funcionamiento en verano: los paneles fotovoltaicos producen luz durante todo el año y electricidad del sol. Tan pronto como aumenta la temperatura en la superficie solar Los colectores solares térmicos, que están prácticamente ensamblados, alcanzan temperaturas superiores a 70 °C. y enfriados como paneles híbridos terminados. Conclusión: salvar pérdidas. Lo cual puede ocurrir a medida que aumenta la temperatura (hasta 150° C o más). Eso significa no es que a los 220 watts se le agregue un 35% o más, pero sin eso La refrigeración sería de 220 vatios (35% generado). Entonces unos 75 vatios menos. Sólo 145 Vatios. La energía térmica primero se libera en el tanque de agua caliente y luego pasa al Intercambiador de calor que se almacenará en la tierra a una profundidad de 50 a 200 metros. Esta energía térmica se devuelve en invierno. trasladado a la casa. Con una superficie de tejado de 400 metros cuadrados, se obtienen unos 160.000 kW/h al año. Suficiente para calefacción y agua caliente, sin aditivos de combustibles. Funcionamiento en invierno: El agua caliente se produce durante el día cuando brilla el sol y cuando no hay energía entra directamente la calefacción para toda la casa. Cuando las temperaturas son gélidas durante el día y principalmente por la noche, el frío es absorbido por la energía solar térmica. Los colectores se almacenan en el suelo, por lo que el calor (4°C a 12°C) proviene del suelo y calienta los paneles (la nieve se vuelve derretido) para que la energía fotovoltaica pueda producir mejor electricidad al día siguiente.
Esta energía fría es eléctrica. Equiparar energía, porque en verano sólo se puede aclimatar los espacios habitables con aire acondicionado. Necesitan electricidad. Esta energía fría se utiliza en verano para secar el aire interior y se ahorra electricidad.

Bosquejo:11 Contra el cambio climático.

Bosquejo:11 Contra el cambio climático

El universo de la perspectiva de la fórmula
revela la cosmovisión del universo visible.

33.) Dependemos del goteo de energía.

La encuesta realizada a la mayoría de nuestra población muestra qué necesidades son prioritarias. Supongo que a todos los encuestados les va relativamente bien y que son personas que, como ciudadanos normales, se ven afectadas por las distintas áreas problemáticas.
La inflación es la máxima prioridad, pero ¿qué tiene eso que ver con la energía? Hace mucho tiempo, cuando la energía fluía barata (según nuestros estándares), sólo una pequeña proporción de los encuestados la veía como una carga. Esto ha cambiado repentinamente desde la guerra de Ucrania. Se desató el pánico y los precios de la energía no hicieron más que dispararse, lo que se reflejó en todos los sectores, encareciendo los productos esenciales y provocando una alta inflación. Cuanto mayor sea tu independencia, más despreocupado tendrás que confiar en la energía, pero sólo si todos entienden que es necesario seguir este camino. La energía también interviene en la provisión de pensiones y debe garantizarse para que el Estado pueda financiar futuras aportaciones a las pensiones. En este complejo sistema sólo se da un ejemplo: si los precios de la energía siguen aumentando, las empresas consideran trasladar su producción al extranjero, entonces habrá falta de trabajadores y de ingresos fiscales. Si no se toman contramedidas, esto conducirá a un fiasco y hay que preocuparse mucho. Cuando se trata de vivienda, el gato se muerde la cola, lo que significa: la inflación aumenta, hay menos capital disponible, los préstamos se vuelven más caros porque las tasas de interés más altas desaceleran la inflación. Los materiales de construcción y los trabajadores también se ven activados por mecanismos inflacionarios, de modo que también en este caso el deudor responsable es la energía. Incluso ahora, la energía sólo llega al escenario a través de las urnas. Por esta razón, escribo algo para pensar en el último capítulo. Después viene otro problema como la migración, la inteligencia artificial, la pandemia. Hay una increíble cantidad de energía escondida en la migración, quienes vienen a pedir asilo no tienen nada más que sus vidas y el Estado tiene que acogerlos, proveerlos y mostrar solidaridad a través de las leyes que se han creado. Como las termitas, devoran y perforan el tesoro estatal. Si ahora quiero decir algo sobre la inteligencia artificial, no me resulta fácil: me gustaría compararlo con la invención del coche. Imagínese cómo se produjeron los primeros automóviles y luego se vendieron gradualmente; la gasolina sólo se podía conseguir en las farmacias. Hoy estamos al mismo nivel que la IA. El káiser Guillermo se limitó a decir: Esto es sólo un fenómeno temporal. ¿Puedes decir lo mismo de la IA hoy en

día? Entonces yo no soy el Kaiser Wilhelm, ¿tal vez tú lo seas? Por esta razón se produce un desarrollo similar, sólo que mucho más rápido. Lo que personalmente veo en la IA es un impuesto sobre el manejo y el uso específico. Porque en algún momento la computadora cuántica y la IA crearán una interfaz con nuestros genes, mediante la cual se podrá activar el control hormonal. Esto significa que todo el mundo puede mantenerse siempre joven y sólo morir si queda destrozado en un accidente. Queda por ver hasta qué punto la IA afectará el suministro y la seguridad, pero la energía definitivamente desempeñará un papel importante. Por tanto, está claro que la lucha contra el cambio climático debe empezar con todo el entusiasmo ahora, y lo mejor es empezar ayer. Yo mismo he aportado argumentos científicos de que la fusión nuclear no puede funcionar. Veamos cuándo se implementará.

Todo lo que he escrito aquí debe resistir duras críticas. Asimismo, todo debe ser factible y factible para que se pueda implementar un plan de viabilidad.

El universo de la perspectiva de la fórmula
revela la cosmovisión del universo visible.

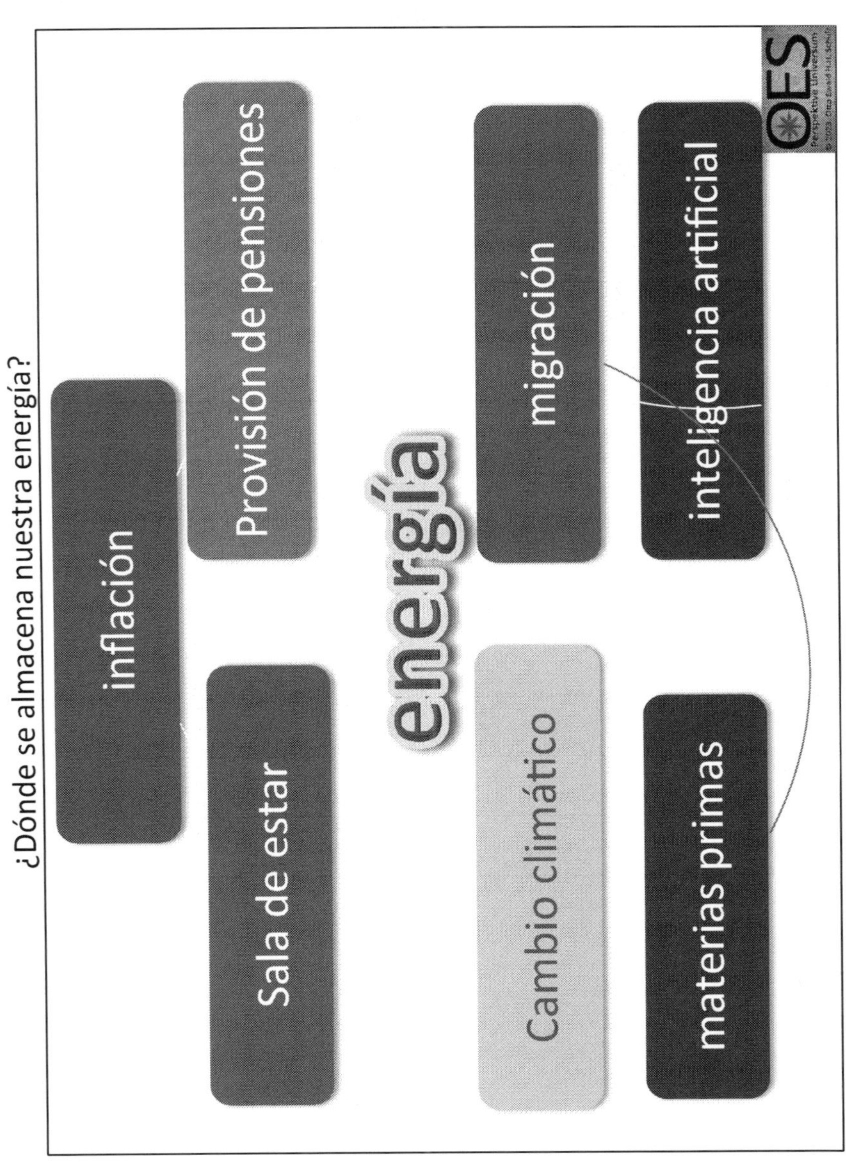

Boceto: 12 gotas de energía.

Bosquejo: 12 gotas de energía

Gracias por su atención y espero que haya entendido bien este libro.

Reflexiones y anotaciones de este libro desde alrededor del 2014 hasta hoy 12 de octubre de 2023

FIN

Youcanprint

Zeitfracht Medien GmbH
Ferdinand-Jühlke-Straße 7
99095 Erfurt, Deutschland
produktsicherheit@kolibri360.de

Druck:
CPI Druckdienstleistungen GmbH
im Auftrag der
Zeitfracht Medien GmbH
Ein Unternehmen der Zeitfracht - Gruppe
Ferdinand-Jühlke-Str. 7
99095 Erfurt